세상을 바꾼
지구과학

세상을 바꾼
지구과학

초판 1쇄 발행 2018년 10월 23일
개정판 1쇄 발행 2021년 3월 3일
개정판 2쇄 발행 2024년 4월 5일

지은이 원정현
펴낸이 박찬영
편집 김솔지
디자인 박민정, 이재호
본문 삽화 박소정
마케팅 조병훈, 박민규, 최진주, 김도언

발행처 (주)리베르스쿨
주소 서울특별시 성동구 왕십리로 58 서울숲포휴11층
등록번호 2013-000016호
전화 02-790-0587, 0588
팩스 02-790-0589
홈페이지 www.liber.site
커뮤니티 blog.naver.com/liber_book(블로그)
www.facebook.com/liberschool(페이스북)
e-mail skyblue7410@hanmail.net

ISBN 978-89-6582-292-9 (04400)
978-89-6582-288-2 (세트)

리베르(Liber 전원의 신)는 자유와 지성을 상징합니다.

이 도서는 한국출판문화산업진흥원의 출판콘텐츠 창작 자금 지원 사업의 일환으로
국민체육진흥기금을 지원받아 제작되었습니다.

세상을 바꾼 지구과학

원정현 지음

㈜리베르스쿨

〈세상을 바꾼 과학〉 시리즈를 펴내며
- 과학사와 과학 개념이 만나다

학교에서 학생들에게 과학을 가르치는 동안 늘 '어떻게 하면 과학적 개념들을 잘 이해시킬 수 있을까?', '어떻게 해야 학생들이 과학을 좋아하게 될까?'를 고민했습니다. 이 질문에 대한 답을 찾는 것은 제게 도전이었습니다. 매년 같은 내용들을 가르치면서도 논리와 재미, 둘을 모두 잡는 수업을 만들겠다는 욕심에 매번 치열하게 새로운 수업 방법을 고민했습니다.

그러다 어느 겨울, 영재 교육 담당 교사를 대상으로 한 연수에서 과학사라는 학문을 접했습니다. 과학사를 전공한 선생님이 진행한 갈릴레오에 대한 강의를 듣고, 저는 과학사라는 학문이 너무나 궁금해졌습니다. 예전에 석사 공부를 하는 동안 토머스 쿤의《과학혁명의 구조》나《코페르니쿠스 혁명》, 마틴 커드의《과학철학》등의 과학 고전들을 읽어 본 적은 있었습니다. 하지만 그때는 원서를 해석하는 데 급급해 특별한 매력을 느끼진 못하고 지나쳤습니다. 시간이 지나 새롭게 다시 접한 갈릴레오의 이야기는 저를 매료했습니다. 갈릴레오 강의를 들은 그날 바로 과학사·과학철학 협동과정에 입학 문의를 했고, 제 전공은 과학사로 바뀌었습니다. 30분, 1시간을 논문 몇 쪽, 책 몇 쪽으로 계산해 가며 공부하는 삶, 고달프지만 짜릿한 삶이 시작된 것이지요.

　과학사라는 학문은 과학을 공부할 때와는 완전히 다른 사고의 틀을 요구합니다. 학교 과학 시간에는 과학사학자이자 과학철학자 토머스 쿤이 말한 정상과학, 즉 현대 사회의 보편적인 과학 이론을 가르칩니다. 따라서 과학 교육에서는 개념과 이론 이해를 중요하게 여깁니다. 학생들은 과학자들이 현재까지 정립한 가장 최근의 지식들을 배우고, 그 지식 체계 안에서 문제를 풀어 낼 것을 요구받지요.

　하지만 과학사에서는 과학 개념 자체보다 연구자가 어떤 자료를 근거로 어떤 주장을 하는지를 파악하는 것을 더 중요하게 여깁니다. 또 과학에서는 정답이 정해져 있지만 과학사에서는 근거만 뒷받침된다면 다양한 해석 결과가 모두 수용됩니다. 결과물보다는 지식이 만들어지는 과정을 더 중요하게 여기는 과학사를 공부하자, 저의 비판적 사고 능력도 많이 자라났습니다.

　저는 과학 교육과 과학사를 연결하는 방법을 고민하기 시작했습니다. 주위를 둘러보니 청소년이나 대중을 대상으로 한 과학사 책들이 여러 권 출판되어 있었고, 그중에는 상당한 인기를 끈 책들도 있었습니다. 기존에 출판된 과학사 책은 크게 두 종류로 나누어 볼 수 있습니다. 하나는 과학사를 연대기 순으로 서술하는 방식입니다. 사건이 일어난 순서대로 역사를 서술하는 책들이지요. 또 하나는 과학자들을 중심으로 역사를 서술해 나가는 책들입니다. 이러한 책들은 보통 위인전의 형태를 취하거나 여러 과학자들의 생애와 업적을 간략하게 소개합니다.

　과학 지식의 성립 배경에 관심을 가지는 요즘의 흐름을 반영하듯 최신

과학 교과서는 과학사에도 꽤 많은 지면을 할애합니다. 하지만 과학 교과서에 실리는 역사는 일화 중심의 단편적 서술에서 그치는 경우가 많습니다. 또 과학사를 역사 자체로 접근하지 않고 과학적 개념을 학습하기 위한 도구로 이용합니다.

저는 출간되어 있는 과학사 책들을 보고 새로운 책의 필요성을 느꼈습니다. 과학사가 도구로써 이용되는 기존 도서의 한계를 넘고, 과학사와 과학적 개념이 서로를 보충하며 유기적으로 연결되는 책이 있었으면 좋겠다고 생각했습니다. 그리고 독자들이 과학사를 통해 좀 더 재미있고 쉽게 과학 개념들에 접근하기를 바랐습니다.

고민 결과 만들어진 책이 바로 〈세상을 바꾼 과학〉 시리즈입니다. 이 책의 서술 방식은 기존의 과학사 책들과는 상당히 다릅니다. 〈세상을 바꾼 과학〉은 중요한 과학 개념들이 어떠한 변화 과정을 거치면서 확립되어 왔는지를 서술의 중심으로 삼고 있습니다. 과학의 각 분야들을 딱 잘라 구분하기는 힘든 일이지만, 과학 분야를 나누는 큰 틀인 물리, 화학, 생물, 지구과학에 맞춰 작성했습니다. 각 분야의 중요한 개념을 선정해, 각 장에서 그 개념이 정립되어 나가는 과정을 서술했습니다. 저는 이런 서술 방식이 과학사와 과학을 통합적으로 연결할 수 있는 가장 좋은 방식이라고 믿습니다.

저는 독자들이 이 책을 읽으면서 '아하, 이런 과정을 거쳐 이런 개념들이 만들어졌구나.'라는 생각을 하기를 바랍니다. 과학 개념이 만들어지는 과정을 따라가다 보면 과학 이론을 익힐 수 있고, 나아가 과학이라는 학문 자체를 더 깊이 이해하는 시선을 갖추게 될 것입니다. 역사를 알면 현대

사회를 더 잘 이해할 수 있는 것처럼, 과학의 역사를 알면 현재의 과학 지식을 풍부하게 이해할 수 있습니다.

학생들을 가르치는 사람으로서, 그리고 동시에 과학사 연구에 발 담고 있는 사람으로서 이 책이 추구하는 방향이 옳다고 믿습니다. 이 책을 쓰기 위해 많은 자료를 조사하고 공부했습니다. 하지만 내용에 오류가 있을 수도 있다는 두려움을 완전히 떨칠 수 없습니다. 혹시 있을지도 모르는 오류에 대한 책임은 전적으로 이 책을 쓴 저에게 있을 것입니다. 잘못된 부분이 있다면 앞으로 고쳐 나가도록 하겠습니다.

마지막으로 이 책이 출판될 수 있도록 도와준 많은 분들에게 감사드립니다. 먼저 책의 출판을 허락해 주신 (주)리베르스쿨 출판사 박찬영 사장님께 감사드립니다. 또 원고를 꼼꼼하게 교정하고 예쁘게 편집해 주신 김솔지 편집자께도 깊은 감사를 드립니다. 지구과학 부문의 자료 수집을 도와 준 연구실 후배 하늘이에게도 감사의 마음을 전합니다.

모든 사람이 똑같은 속도로 삶을 살 필요가 없다고 주장하면서 꽤 늦게 새로운 공부를 시작한 저에게 언제나 지지와 격려를 보내준 가족 모두에게도 감사합니다. 특히 저의 마음속 허기를 채워 주고 언제나 넘치는 풍요로움을 가슴에 안겨주는 세 남자, 제 아버지 원영상 님, 남편 한양균, 그리고 아들 한영우에게 사랑과 감사의 마음을 담아 이 책을 바칩니다.

2017년 10월 26일
원정현 씀

과학의 역사를 공부하기 전에

과학적 사건들의 의미를 찾다

과학사란 글자 그대로 과학의 역사를 말한다. 과학이 어떤 과정을 거쳐서 형성되고 변화해 왔는지를 이해하려 하는 학문이다. 과학사를 연구하는 학자들을 가리켜 과학사학자라고 한다.

학교 과학 시간에는 보통 과학의 개념이나 이론, 법칙 등을 배운다. 하지만 과학사의 연구 목표는 과학과 조금 다르다. 과학사는 과학 이론이 어떤 과정을 거쳐 형성되어 변화해 왔나를 알아내 과학이라는 학문을 더 잘 이해하고자 한다. 또한 과학사는 과학 내적인 변화 과정만이 아니라 과학과 사회가 맺는 관계에도 많은 관심을 가진다. 과학자가 살던 시대적 배경과 과학에 영향을 주던 사회, 경제, 종교, 철학도 과학사의 중요한 연구 대상이다.

흔히들 현재를 이해하고 미래를 예측하기 위해서는 먼저 과거를 알아야 한다고 말한다. 우리는 과거를 분석해서 현재를 이해하기 위해 고조선에서 현대에 이르기까지의 역사를 공부한다. 과학사도 마찬가지다. 우리는 현재의 과학 이론을 제대로 이해하기 위해 과학사를 알아야 한다.

과학사에는 정답이 없다. 과학사는 다양한 사료를 이용해 여러 과학적 사건들의 역사적 의미를 찾는 학문이고, 역사 해석에는 다양한 관점이 있기 때문이다. 과학사 연구를 하다 보면 관점에 따라 역사적 사건의 중요도나 사건에 대한 해석이 달라지기도 한다. 현재 많이 채택되는 과학사 연구의 관점으로는 4가지가 있다.

첫 번째는 합리적 방법론을 중심으로 과학사를 연구하는 관점이다. 실제로 증명한다고 해 실증주의적 관점이라고도 한다. 이런 관점을 가진 과학사학자들은 과학적 지식이 실험 같은 합리적 방법과 논리적인 추론을 통해 만들어지기 때문에 다른 분야에 비해 훨씬 더 보편적이고 객관적이라고 생각한다. 그래서 과학의 역사를 돌아볼 때 과학자들이 실험과 관찰을 바탕으로 과학적 지식을 만들어 내고 변화·발달시켜 온 과정을 중요하게 여긴다.

두 번째는 자연을 보는 시각 변화를 중시하는 관점으로, 사상사적 관점이라고도 한다. 이 관점을 중요시하는 과학사학자들은 과학이 실험이나 관찰로만 변화해 왔다고 보지 않는다. 이들은 자연을 바라보는 방식의 변화가 실험과 관찰보다 더 중요하다고 생각한다. 수학과 과학의 관계를 예로 들 수 있다. 오늘날에는 수학이 없는 과학은 상상할 수 없지만, 16세기 이전까지만 해도 과학과 수학은 별개의 학문으로 여겨졌다. 하지만 17세기에 들어서 자연 현상을 수학으로 나타낼 수 있다는 자연관을 가진 과학자들이 등장했다. 그 결과 점차 과학과 수학이 결합하는 변화가 나타났다.

세 번째는 사회적 배경을 중시하는 관점이다. 이 관점에서는 어떤 사회적 배경 속에서 과학자들의 방법이나 시각이 변화했는지를 중요하게 여긴다. 이들은 과학이 놓여 있었던 사회적 맥락이나 과학과 사회의 관계,

과학 연구에 대한 후원 체계 등에 깊은 관심을 가진다.

마지막 관점은 사회적 유용성이라는 면에서 과학사를 바라보는 관점이다. 이 관점은 주로 사회주의 국가에서 많이 대두되었다. 이 관점을 지닌 과학자들은 인간의 삶을 위해 유용하게 쓰일 때 과학이 더욱 발달할 것이라고 본다.

이처럼 과학사를 연구하는 데는 여러 가지 관점이 있을 수 있다. 이들 중 어떤 관점이 옳고 그르다고 논할 수는 없다. 과학사를 깊이 있게 이해하기 위해서는 모든 관점들을 고루 갖추어야 한다. 오늘날 과학사를 보다 통합적으로 이해하게 된 것도 다양한 관점을 가진 여러 과학사학자의 노력 덕분이다.

과학은 언제부터 시작되었을까?

과학사를 연구하기 위해서는 과학의 시작점을 정해야 한다. 과학의 시작점을 정하려면 먼저 과학이 무엇인지에 대한 정의를 내려야 한다. 인간의 힘으로 자연을 이용하고 통제하려는 모든 시도들을 과학이라고 본다면 과학의 시작은 아주 오래전으로 거슬러 올라간다. 고대 메소포타미아와 이집트 등지에서는 문명이 생겨난 기원전 3500년경부터 수학, 천문, 의학, 측량의 분야에서 많은 발전을 이루었으니, 이때를 과학의 시작이라고 볼 수도 있다.

하지만 대다수의 과학사학자는 과학에 대해 이와는 다른 정의를 내리고 싶어 한다. '자연에 대한 합리적 지식 체계'라는 좁은 정의이다. 이렇게 정의하면 고대 메소포타미아나 이집트 문명보다는 이후 고대 그리스에서 이루어졌던 사유들이 과학에 더 가까워진다. 고대 그리스에서는 만물의 근원 물질이나 물질 변화의 원인, 우주의 구조 또는 질병의 원인 등에 대해 질문을 던졌기 때문이다. 이 질문들은 오늘날의 과학자들이 여전히 던지고 있는 질문이다.

그래서 과학사를 공부할 때는 보통 고대 그리스부터 시작한다. 중세에는 이슬람 지역이 과학적 발견에 중요한 역할을 했다. 이후로 르네상스를 지나며 근대 과학 이론들이 싹을 틔우기 시작했다. 16~17세기에는 과학 혁명을 거치며 과학의 모습이 크게 바뀌고 근대적인 과학이 등장했다. 과학 혁명 시기에는 우리에게 널리 알려진 코페르니쿠스, 갈릴레오, 케플러, 데카르트, 하위헌스, 하비, 보일, 뉴턴 등의 많은 과학자들이 활동을 했다. 이 시기에 천문학, 역학, 생물학 분야에서 근대적인 과학 개념이 등장했다면, 18세기 들어서는 화학 분야에서 큰 발전을 이루었다. 19세기 말에 이르면 물리학 분야가 오늘날과 같은 모습으로 만들어졌다. 이처럼 과학은 고대부터 현대에 이르기까지 시대에 따라 그 모습이 변화해 왔다.

과학사를 바라볼 때 명심할 점들

과거의 과학을 공부할 때 주의해야 할 점이 몇 가지 있다.

첫째는 현대 과학의 관점을 가지고 접근하면 안 된다는 점이다. 과거의 과학을 그 자체로 받아들이고 그 시대의 맥락 속에서 의미를 이해해야 한다. 예를 들어 아리스토텔레스의 학문에는 오늘날의 관점에서는 전혀 말이 되지 않는 잘못된 내용들이 많다. 이에 대해 과학사학자 데이비드 린드버그는 다음처럼 말했다.

> 철학 체계를 평가할 때는 그 체계가 근현대의 사고를 얼마나 예비했느냐가 아니라, 동시대의 철학적 난제들을 얼마나 성공적으로 해결했느냐를 척도로 해야 한다. 아리스토텔레스와 근현대를 비교할 것이 아니라, 아리스토텔레스와 그의 선배를 비교하는 것이 마땅하다. 이런 기준에서 평가하자면 아리스토텔레스의 철학은 실로 전대미문의 성공을 거둔 것이었다.
>
> ─데이비드 C. 린드버그, 《서양과학의 기원들》, 21쪽

과거의 과학자들의 이론이 틀렸다고 볼 것이 아니라 그 당시의 맥락 안에서 보아야 한다는 말이다. 그러면 결과물이 아닌 역사적 변천물로서의 과학을 더 잘 이해할 수 있게 될 것이다.

둘째는 용어를 사용할 때 주의를 기울여야 한다는 것이다. 과학이나 과학자라는 말이 등장한 것은 18세기 말 이후의 일이다. 그 이전까지는 과학은 자연철학으로 불렸고, 과학자는 자연철학자라고 불렸다. 17세기 아이작 뉴턴의 저서 제목이 《자연철학의 수학적 원리》라는 것에서 이를 확인할 수 있다. 자연철학은 19세기에 들어서면서 서서히 자연과학이라는 말로 바뀐다. 그러면서 과학자라는 용어도 사용되기 시작했다. 그래서 이 책에서도 19세기 이전의 과학에 대해서는 자연철학이라는 용어를 많이 사용했다. 한편 과학사를 논할 때는 용어뿐만 아니라 과학자들의 호칭에도 주의해야 한다. 요즘에는 갈릴레오 갈릴레이를 자주 갈릴레이라고 호명

하지만 그가 살던 당시 이탈리아에서는 갈릴레오라고 부르는 게 보편적이었다. 대다수의 과학사학자들은 이를 근거로 갈릴레오라는 호칭이 더 적절하다고 생각한다.

　마지막으로 시야를 더 넓혀야 한다. 과학사는 보통 유럽을 중심으로 서술되지만, 오늘날 우리가 과학이라고 부르는 학문이 유럽에서만 등장했던 것은 아니다. 중국이나 인도 등에서도 옛날부터 과학이 발달했고, 중세 이슬람에서도 과학 연구가 활발하게 이루어졌다. 유럽의 과학이 가장 보편적인 것처럼 다루어지기는 하지만, 넓은 시야를 갖추고 유럽 이외의 지역에서 이루어진 의미 있는 과학 활동에도 관심을 가져야 한다.

　과학사는 과거로부터 현재에 이르기까지 과학이 변화해 나가는 모습들을 알아보고 그것이 가진 의미들을 여러 관점에서 해석해 나가는 학문이다. 오늘날 우리가 배우는 과학의 중요한 개념이나 법칙들이 어떠한 과정을 통해 형성되었는지를 살펴보고 과학을 더 잘 이해하게 되기를 바란다.

우주의 중심에는
무엇이 있을까?

지구 중심 우주 체계

원을 따라 움직이며 하늘을 가득 채운 별들을 즐겁게 따라갈 때면,
내 발은 더 이상 땅을 딛고 있지 않다.
- 프톨레마이오스 -

우리가 사는 이 우주의 중심은 어디일까? 우주는 너무나도 크고, 지금도 계속 커지고 있다. 그래서 우주에서 중심이라는 개념은 의미가 없다. 하지만 오랜 옛날 사람들은 우주에는 중심이 있고, 지구가 바로 그 중심이라고 믿었다. 밤하늘을 보면 별들은 지구를 중심으로 하루에 한 바퀴씩 회전하고, 태양은 하루에 한 번씩 동쪽에서 떠서 서쪽으로 진다. 또, 행성들은 일정한 주기로 지구 주위를 공전하는 것처럼 보인다. 고대인들은 이러한 현상들을 보고 모든 천체가 지구를 중심으로 회전한다고 생각했다.

망원경이 없었던 고대인들은 육안으로 밤하늘을 관측했고, 이를 통해 천체의 움직임에서 규칙성을 찾으려고 시도했다. 그 결과 천체의 규칙적인 운동을 반영한 우주 체계가 만들어졌다. 지구가 중심에 있고 다른 행성들은 천구라는 구에 박혀서 지구를 중심으로 회전하는 우주 체계였다. 이들의 우주는 짜임새를 갖추었고 질서도 있었다. 중세와 르네상스를 거치면서 새로운 관측 결과들이 등장했지만, 천문학자들은 기존의 우주 체계를 고수하면서 부분적으로만 수정했다.

고대와 중세 천문학자들은 모든 천체가 등속 원운동을 한다고 전제했다. 실제로는 행성들의 운동 궤도가 타원형이고 공전 속도도 일정하지 않지만, 등속 원운동 원칙은 꽤 오랫동안 유지되었다. 따라서 고대와 중세의 천문학자들에게는 등속 원운동을 조합해 행성의 움직임을 설명해 내는 것이 가장 큰 과제였다. 복잡하기는 했지만, 이들은 수학적인 방식으로 행성의 운동을 설명하는 데 성공했다.

고대 그리스 철학자들, 우주의 모습을 상상하다

과학은 언제부터 시작되었을까? 이 질문에 대한 답은 과학의 정의에 따라 달라진다. 과학의 목적이 실용성을 추구하는 것이라면 과학은 문명이 시작되었을 때부터 있었다고 할 수 있다. 하지만 과학을 '자연에 관한 합리적인 지식 체계'라고 정의하고 그 목적을 순수하게 자연에 관한 지식을 추구하는 것으로 보면, 과학의 기원은 고대 그리스로 거슬러 올라간다.

고대 그리스의 자연철학자들은 기원전 6세기경부터 자연의 근원에 대해 고찰하기 시작했다. 이들은 '세상 모든 물질의 근본이 되는 물질은 무엇인가?', '물질의 변화란 무엇이며 어떻게 일어나는가?', '무거운 물체는 왜 아래로 떨어지는가?', '우리가 사는 이 우주는 어떤 모습을 하고 있는가?'와 같은 질문들을 던졌고, 답을 찾고자 했다.

고대 그리스의 자연철학자들이 던진 질문들은 물질론, 운동론, 우주론 혹은 천문학 등의 분야로 나누어 볼 수 있다. 이 중 후대에 오랫동안 가장 큰 영향력을 끼쳤던 것은 천문학이었다.

고대 그리스인들이 천문학을 연구하기 훨씬 전인 기원전 3000년 전후에 나일강 유역이나 메소포타미아 지역에서는 이미 정밀한 천문 관측이 이루어지고 있었다. 이들은 농업이나 종교적인 이유로 천문 관측을 중요시했다. 고대 이집트와 메소포타미아인들은 신이 천체의 움직임을 만들어 낸다고 믿었다. 그들에게 태양이 뜨고 지는 현상은 태양신의 움직임으로 생기는 것이었고, 일식이나 월식도 신이 일으키는 현상이었다.

이들은 천문을 관측하기 위해 해시계와 같은 천문 관측 도구를 이용했다. 그 결과 고대 이집트인들은 1년이 365와 1/4일이라는 사실을 알아냈

○ **이집트의 우주** 하늘의 여신 누트가 동생이자 남편인 대지의 신 게브 위에 엎드리고, 이들의 아버지이자 대기의 신인 슈가 하늘을 떠받친다. 태양신 라는 매일 동쪽에서 서쪽으로 이동한다.

고, 메소포타미아 사람들은 일식과 월식을 예측할 수 있었다. 특히 메소포타미아에서는 점성술을 바탕으로 수리천문학이 크게 발달했다.

이집트와 메소포타미아에서 축적된 정밀한 천문 관측 데이터는 고대 그리스에서 천문학이 발달하는 데 큰 도움을 주었다. 고대 그리스인들은 이집트와 메소포타미아의 관측 데이터와 자신들의 철학적 고찰을 더해서 독창적인 우주 구조를 고안했고, 또한 이를 바탕으로 천체의 움직임을 예측해 내고자 했다. 그 과정에서 이집트와 메소포타미아의 우주를 관장하던 신들은 점차 사라져 갔다.

고대 그리스에서 만들어진 가장 오래된 우주 체계는 아리스토텔레스보다 약 200년 먼저 활동했던 밀레투스학파의 자연철학자 아낙시만드로스

(Anaximandros, 기원전 555년경 활동)가 제안한 모델이었다.

아낙시만드로스는 지구가 우주의 중심에 가만히 정지해 있다고 생각했다. 또 대지는 평평하며, 지구는 직경이 높이의 3배인 원통형이라고 생각했다. 그의 우주 구조에서는 태양이 가장 멀리 있으며, 별들은 태양이나 달보다도 아래쪽에 위치한다. 아낙시만드로스는 숫자 3과 대칭성을 중요하게 여겨 지구와 천체의 거리를 지구 직경의 3배수로 계산했다. 그 결과 별까지의 거리는 지구 직경의 9배, 달까지는 18배, 태양까지는 27배라고 생각한 것이다.

아낙시만드로스의 우주

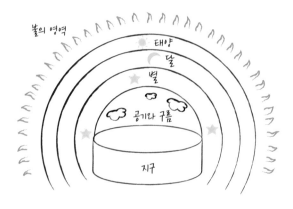

아낙시만드로스와 비슷한 시기에 이탈리아에서 활동했던 피타고라스학파는 아낙시만드로스와는 매우 다른 우주 체계를 고안했다. 피타고라스학파의 우주에서는 눈에 보이지 않는 거대한 불이 우주 중심에 놓여 있다. 그리고 불 주위를 지구와 '반대편 지구(counter earth)'가 돈다. 지구는 불을 중심으로 하루에 한 바퀴씩 회전한다.

피타고라스학파는 10을 완전한 수라고 생각했기 때문에, '반대편 지구'를 고안해서 별을 제외한 천체의 수를 10개로 맞추었다. 지구, 태양, 달, 수성, 금성, 화성, 목성, 토성, 별이 박혀 있는 항성 천구, 그리고 '반대편 지구'였다.

피타고라스학파의 우주 체계는 천체 사이의 수학적인 관계를 고려한 모델은 아니었다. 하지만 지구를 구형이라고 생각한 점, 천체들이 위치한 순서를 정했다는 점, 그리고 지구를 우주의 중심이 아닌 곳으로 옮겼다는 점에서 매우 의미 있고 주목할 만했다. 그럼에도 피타고라스학파 이후 약 2,000년 동안 우주의 중심 자리는 지구가 계속 차지하게 된다.

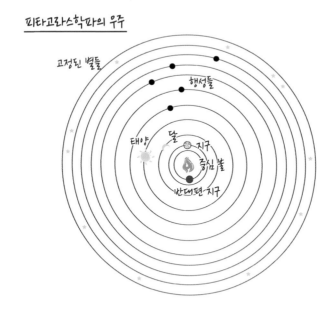

피타고라스학파의 우주

시간이 지나 기원전 4세기경이 되자, 고대 그리스에서는 우주와 천체에 관한 추상적·수학적 사고를 중시하는 철학자들이 등장했다. 추상적·수학적 천문학을 강조했던 대표적인 철학자로 플라톤(Platon, 기원전 427?~기원전 347?)을 들 수 있다.

플라톤은 자신의 저서《티마이오스》에서 우주를 현실 세계와 이데아로 구분했다. 현실 세계에는 생성과 변화가 있는 반면, 현실 세계의 규범인 이데아는 영원히 변하지 않는다. 플라톤은 현실 세계에 대해서는 '있을 법한 설명' 혹은 '가능한 최선의 설명'만을 할 수 있지만, 이데아에 대해서는 반박할 수 없는 완벽한 설명이 가능하다고 생각했다. 그 반박할 수 없는 설명이란 이상적·수학적 논리였다. 플라톤은 천문학도 수학적인 학문이라고 믿었다.

기원전 4세기 당시 천문학자들의 설명을 필요로 했던 천문 현상은 여러 가지가 있었다. 첫째, 모든 천체는 지구를 중심으로 하루에 한 바퀴씩 동쪽에서 서쪽으로 돈다. 이것은 지구의 자전 때문이지만 당시에는 이유를 몰랐다. 둘째, 별자리는 계절에 따라 달라지지만, 매년 같은 계절에는 같은 별자리가 같은 위치에 온다. 셋째, 태양은 1년에 걸쳐 황도대라는 별자리 띠를 따라 서쪽에서 동쪽으로 지나간다. 이것은 지구의 공전 때문에 나타나는 현상이지만, 당시에는 이에 대한 별도의 설명이 필요했다. 넷째, 달과 행성들은 황도대 안에서 서쪽에서 동쪽으로 이동한다. 단, 달과 행성이 지나가는 길은 황도대에서 8° 이상 떨어지지 않는다. 다섯째, 동쪽으로 이동하던 행성들은 일정 시간 동안 서쪽으로 역행하다가 다시 동쪽으로 이동한다.

고대 천문학의 주요 연구 과제

1. 매일 서쪽으로 도는 천체의 회전

2. 1년에 걸친 별자리의 규칙적인 변화

3. 1년 동안 황도대를 동쪽으로 지나는 태양

4. 황도대의 동쪽으로 이동하는 달과 행성

5. 일시적으로 서쪽으로 움직이는 행성의 역행 운동

이러한 여러 천체 관측 결과를 종합해 천체의 운동과 우주의 구조를 기하학으로 설명하려고 처음으로 시도한 자연철학자가 있었다. 바로 플라톤의 제자이자 동료였던 에우독소스(Eudoxos, 기원전 400?~기원전 350?)이다.

에우독소스는 복잡해 보이는 천체들의 움직임에 완벽한 기하학적 규칙성을 부여하기 위해 우주가 완전한 구 형태로 되어 있다고 가정했다. 그 결과 에우독소스는 '2구체(two-sphere) 모델'이라는 우주 모델을 고안해 냈다. 오늘날까지도 천문학에서 우주의 기본 모델로 사용되는 바로 그 모델이다.

2구체 모델에서는 우주가 가상의 구체 2개로 이루어져 있다고 가정한다. 2개의 구체 중 하나는 우주의 중심에 있는 지구이다. 우주의 중심을 차지한 지구는 움직이지 않고 영원히 제자리에 정지해 있다. 2구체 모델에서 우주를 이루는 두 번째 구체는 천구이다. 태양과 달, 행성들은 천구의 안쪽 벽에 박혀 고정되어 있다. 따라서 천구가 움직이면 이들도 따라서 함께 움직인다. 에우독소스의 모델에서 우주는 완벽한 구형이었고, 천구와 지구는 같은 중심을 가졌다.

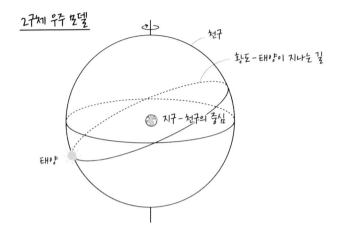

2구체 우주 모델

천구

황도 - 태양이 지나는 길

지구 - 천구의 중심

태양

에우독소스는 천체들이 하루에 한 번씩 규칙적으로 일주하는 현상, 또 태양, 달, 행성들이 황도대를 따라 독립적으로 움직이는 현상 등을 설명하기 위해 천구의 수를 여러 개로 늘려서 '동심천구(同心天球, concentric spheres) 체계'를 만들었다. 동심천구 체계는 같은 중심(동심)을 가진 여러 겹의 천구로 이루어진 우주 구조이다. 그는 여러 동심천구들을 조합해서 복잡한 천체 현상들을 설명했다.

에우독소스의 동심천구 체계에서 행성은 4개씩의 동심천구를 가지는데, 각 천구는 독립적으로 회전한다. 가장 바깥쪽 천구는 하루에 한 번씩 자전한다. 이 천구는 행성과 항성이 왜 매일 뜨고 지는지를 설명할 수 있는 천구이다. 바깥에서 두 번째 천구는 행성이 황도대를 따라 움직이도록 한다. 이 천구는 서쪽에서 동쪽으로 회전한다. 즉 두 번째 천구는 행성의 공전 운동을 설명하기 위한 천구이다. 가장 안쪽에 있는 2개의 천구는 행성의 역행 운동을 설명하는 데 사용된다. 이 두 천구는 같은 속도로 서로 반대 방향으로 회전하면서 8자형 곡선을 만드는데, 이를 통해 행성의 역행 운동을 설명할 수 있다.

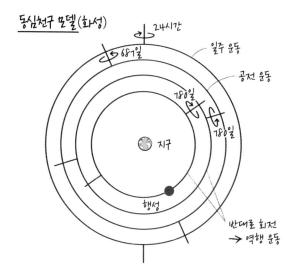

고대 그리스에서 가장 영향력 있었던 자연철학자는 아리스토텔레스 (Aristoteles, 기원전 384~기원전 322)이다. 아리스토텔레스는 에우독소스의 동심천구 체계를 계승했다. 하지만 아리스토텔레스의 동심천구 체계에는 에우독소스의 동심천구 체계와 근본적인 차이가 있었다.

에우독소스는 자신의 우주 체계를 철저하게 기하학적인 모델로 여겼다. 이에 반해 아리스토텔레스는 동심천구 체계가 실재하는 물리적 우주를 반영한다고 생각했다. 우주에 실제로 천구가 있다고 생각했던 아리스토텔레스는 동심천구 체계를 더욱 정교하게 발전시켜 나갔다.

아리스토텔레스는 동심천구 체계에 자신의 물질론과 운동 이론을 결합했다. 그는 달을 기준으로 우주를 지상계와 천상계로 구분했는데, 지상계는 달 천구 아래쪽 세상을, 천상계는 달 천구 위쪽 세상을 의미한다. 그리고 천상계와 지상계의 물체들은 서로 다른 원리에 따라 운동을 한다.

아리스토텔레스는 물, 불, 흙, 공기를 지상계를 구성하는 근본 물질이라고 생각했다. 그의 운동 이론에 따르면 지상계에서는 물체를 구성하는 근본 원소 중 더 우세한 원소에 의해 물체 본연의 무게가 정해지고, 이에 따라 물체의 자연스러운 운동이 결정된다. 본질적으로 무거운 물질인 흙은 언제나 아래쪽으로 운동하며, 본질적으로 가벼운 물질인 불은 언제나 위쪽으로 운동한다.

아리스토텔레스는 천상계에는 지상계와 달리 에테르라고 부르는 원소만을 배치했다. 또, 천상계의 모든 행성은 완벽한 운동인 등속 원운동을 해야 했다. 아리스토텔레스에게 있어서 천상계는 변화가 있을 수 없는 완벽한 세계였다.

우주에 관한 오늘날의 지식에 의하면, 아리스토텔레스의 이론은 상당히 비합리적으로 보인다. 그럼에도 불구하고 아리스토텔레스의 우주 체계는 오랫동안 권위를 유지했는데, 그 이유 중 하나는 그의 체계가 가진 내적 견고함 때문이었다.

아리스토텔레스 체계가 오랫동안 권위를 유지한 또 다른 이유는 중심에 지구를 배치하고 천구들로 겹겹이 둘러싼 그의 우주 체계를 이용해 일상적으로 관찰할 수 있는 많은 현상을 설명할 수 있었기 때문이다. 흙과 같이 무거운 물질이 아래로 떨어지는 것은 지구가 우주의 중심에 있기 때문이었다. 매일 별이나 행성들이 뜨고 지는 것은 각 행성이 가진 가장 바

○ 아리스토텔레스의 우주 우주의 중심에 지구가 고정되어 있고, 행성과 항성은 천구에 박혀 지구 주변을 공전한다.

끝쪽 천구가 하루에 한 번씩 일주 운동을 하기 때문이었다. 우리가 지구의 움직임을 느낄 수 없는 이유는 지구가 정지해 있기 때문이었다. 이처럼 아리스토텔레스의 우주 체계는 사람들의 일상 경험을 잘 반영하고 있었다. 그래서 그의 이론은 많은 사람들에게 실재하는 물리적 체계로 받아들여졌고, 르네상스 시기까지 권위를 유지할 수 있었다.

아리스토텔레스 이후에도 고대 그리스의 천문학에는 많은 발전이 있었다. 비록 오늘날 과학 이론이 변화하는 속도에 비하면 엄청나게 느리기는 했지만, 고대 그리스의 천문학 분야에서는 관측과 이론을 결합하거나 자연을 수학적으로 나타내려는 노력이 지속되었다.

플라톤의 제자였던 헤라클레이데스(Heracleides Ponticus, 기원전 390?~기원전 322?)는 지구가 축을 중심으로 하루에 한 번씩 자전한다고 주장했다. 고대 그리스 최고의 천문학자로 알려진 히파르코스(Hipparchos, 기원전 190?~기원전 120?)는 지구와 태양 사이의 거리, 지구와 달 사이의 거리를 계산해 냈다. 이후 에라토스테네스(Eratosthenes, 기원전 276?~기원전 194?)는 지구의 크기를 계산하기도 했다.

고대 그리스에서 헬레니즘 시대(기원전 323~기원전 30)로 이어지는 기간 동안 등장했던 천문학 이론 중에서는 아리스타르코스(Aristarchos, 기원전 310?~기원전 230?)의 이론이 주목할 만하다. 그는 피타고라스학파의 우주 이론을 발전시켜서 우주의 중심에 태양이 있는 태양 중심 우주 체계를 제시했다. 아리스타르코스는 삼각법을 이용해 '지구-달의 거리: 지구-태양의 거리=1:19'라는 계산을 이끌어 냈다. 이를 바탕으로 그는 태양의 지름이 지구 지름의 약 6과 2/3배 정도 된다고 계산했다. 태양의 지름이 지구 지름의 110배 정도라는 오늘날의 계산 결과와 비교해 보면 상당한 차이가 나는 수치였다. 비록 불확실한 계산 결과였지만, 그는 이를 바탕으로 우주의 중심에 태양을 배치하는 새로운 이론을 만들어 냈다.

아리스타르코스는 태양이 지구보다 크다는 점을 바탕으로 태양이 지구 주위를 공전하는 것이 아니라 지구가 태양 주변을 공전하는 것이라고 결론 내렸다. 또 그는 별들의 일주 운동이 지구의 자전 때문에 나타난다고 주장했다. 하지만 태양이 우주의 중심에 있다는 그의 주장은 받아들여지지 못했다. 아리스토텔레스의 우주 체계만으로도 여러 천체 현상을 충분히 설명할 수 있었기 때문이기도 했고, 지구 공전의 가장 큰 증거인 별의 연주 시차가 발견되지 않았기 때문이기도 했다.

오늘날 많은 과학사학자들은 지구의 자전과 공전 개념을 도입했던 아리스타르코스를 코페르니쿠스의 선구자로 본다.

프톨레마이오스, 행성의 역행 현상에 궁금증을 품다

오늘날에는 과학과 수학을 서로 분리해 생각하기가 상당히 어렵다. 사람들은 과학을 잘하기 위해서는 수학도 잘해야 한다고 생각한다. 자유 낙하 하는 물체가 이동한 거리를 나타내는 'S=$\frac{1}{2}$gt^2'이나, 물체에 가하는 힘과 가속도의 관계를 나타내는 'F=ma'와 같은 방정식을 많이 보아 왔기 때문이다. 또한, 이러한 수식을 제대로 이해하기 위해서는 미분이나 적분과 같은 수학 지식이 필요하다는 사실을 알고 있기 때문이다.

이처럼 오늘날엔 과학과 수학이 연관된 학문이라고 생각하지만, 실제로 과학과 수학이 학문적으로 연결되기 시작한 것은 그리 오래되지 않았다. 자연을 수학적으로 표현하기 시작한 것은 16세기 말 이후부터였다. 16~17세기에 과학 혁명을 이끈 갈릴레오, 케플러, 뉴턴과 같은 과학자들은 자연 현상을 수학식으로 간결하게 나타낼 수 있어야 자연을 제대로 이해한 것이라고 믿었다. 자연의 질서를 수학적으로 드러내서 자연을 만든 신의 뜻을 이해하는 것, 그것이 이들의 학문적 목표였다.

이들이 등장하기 이전인 16세기 말까지는 자연철학과 수학이 완전히 분리되어 있었다. 그 이전에 자연철학자들은 자연 현상에 관해 '왜'라는 질문을 던지고 원인을 설명하는 사람이었던 반면, 수학자들은 자연 현상에 대해 '어떻게'라는 질문을 던지는 사람들이었다. 물리적으로 실재하는 자연을 설명하는 것은 오로지 자연철학자의 몫이었다.

당시까지 천문학은 응용수학을 대표하는 학문이었고 천문학자는 곧 수학자였다. 천문학자의 목표는 자연철학자들이 만든 우주 체계를 기반으로 천체들의 겉보기 운동을 정확하게 기술하는 것이었다. 기하학과 같은 수학적인 방식을 이용해서 말이다. 고대 그리스부터 중세 말까지 천문학자들은 아리스토텔레스의 우주 체계를 기반으로 해, 천체 운동을 정확하게 기술하고 예측하기 위해 노력했다.

에우독소스 이래로 고대와 중세의 천문학자들이 천체 운동을 기술할 때 중요하게 여겼던 2가지 기본 원칙이 있다. 천체의 운동은 완벽한 등속 원운동이어야 하며, 행성은 천구에 박혀 지구를 중심으로 공전한다는 원칙이었다. 천문학자들은 이 2가지 기본 원칙을 반드시 지켜야 했다. 그러나 이 2가지 개념만으로 설명할 수 없는 관측 결과들이 천문학자들을 괴롭혔다.

그런 문제 중 하나가 행성의 역행 운동이었다. 역행 운동은 어떤 천체가 다른 천체들과 반대 방향으로 움직이는 현상을 말한다. 서쪽에서 동쪽으로 움직이던 행성들은 일정 기간 동쪽에서 서쪽으로 역행 운동을 하다가 다시 방향이 바뀐다. 천체는 완벽한 등속 원운동을 하는데 행성의 역행 운동은 왜 일어나는 것일까?

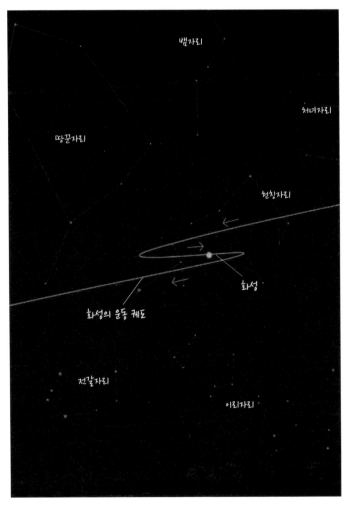

❍ 화성의 역행 운동 2016년 4월 22일부터 7월 1일까지 있었던 화성의 역행 운동 궤도이다. 미국 캘리포니아 윌슨산 천문대에서 6월 1일에 관측된 위치이다.

❂ **클라우디오스 프톨레마이오스** 이심원, 주전원, 이심 개념을 이용해 행성의 역행 운동, 속도와 밝기 변화 문제를 해결했다.

천문학자들이 설명해야 했던 또 다른 현상은 행성들의 밝기와 움직이는 속도가 일정하지 않다는 것이었다. 행성의 밝기와 공전 속도가 변화한다는 것은 지구에서 행성까지의 거리가 일정하지 않다는 의미였다. 이것은 아무리 천구의 수를 늘려도 해결할 수 없는 문제였다.

행성의 역행 운동과 밝기 변화 문제에 대해 수학적으로 완벽한 답을 제시한 사람은 바로 클라우디오스 프톨레마이오스(Claudios Ptolemaeos, 100?~170?)였다. 알렉산더 대왕이 이집트 나일강 입구에 세웠던 도시 알렉산드리아는 왕국의 대대적인 지원에 힘입어 헬레니즘 시기에 과학의 중심 도시로 떠올랐다. 이때 많은 과학자가 알렉산드리아에 설립된 연구소인 무세이온에서 활동했다. 알렉산드리아 태생인 프톨레마이오스도 무세이온에 소속된 천문학자였다. 프톨레마이오스가 활동한 때는 에우독소스보다 500년, 아리스토텔레스보다 약 450년 뒤였다.

프톨레마이오스는 아리스토텔레스의 우주 체계를 바탕으로 행성들의 속도와 방향이 달라지는 문제를 설명하고자 했다. 단, 그는 천문학자들의 제1 원칙이었던 원운동 개념을 이용해야 했다. 어떻게 원운동 개념만으로 행성들의 밝기와 속도, 방향이 달라지는 문제를 설명할 수 있었을까? 프톨레마이오스는 행성의 위치까지 예측할 수 있는 체계를 고안함으로써 에우독소스를 뛰어넘고자 했다.

프톨레마이오스는 먼저 우주를 구가 아닌 원으로 나타냈다. 그는 이심원(eccentric), 주전원(epicycle), 그리고 이심(equant) 개념을 이용했다. 이심원이란 지구 주위를 공전하는 행성의 원 모양 공전 궤도를 말한다.

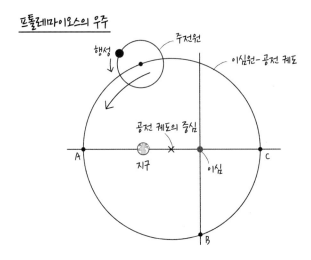

그의 '이심원 모델'에서 지구는 행성들의 공전 궤도 중심에서 살짝 벗어난 지점에 위치해 있다. 따라서 행성은 지구를 중심으로 회전하지 않고 이심원의 중심을 축으로 회전한다. 이 모델은 행성의 속도가 불규칙한 이유를 설명할 수 있다.

위의 그림에서 행성이 A 지점으로 이동할 때 행성과 지구의 거리는 점점 가까워진다. 이때 지구에서 행성을 보면 행성의 속도가 점점 빨라지는 것처럼 보일 것이다. 반대로 행성이 B에서 C 쪽으로 가서 멀어질 때는 행성의 속도가 점점 느려지는 것처럼 보일 것이다. 프톨레마이오스는 이심원 모델을 이용해 태양과 지구의 거리 변화에 따라 계절이 달라지는 현상을 설명할 수 있었다.

프톨레마이오스가 도입한 두 번째 우주 체계는 '주전원 모델'이다. 이 모델은 기원전 3세기 말에 아폴로니오스(Apollonios, 기원전 262?~기원전 190?)라는 천문학자가 처음 제안했던 우주 구조이기도 하다. 주전원 모델은 행성들이 왜 역행 운동을 하는지를 잘 설명해 준다. 이 모델에 의하면 행성들은 이심원을 따라 지구 주위를 공전하면서, 동시에 주전원이라고 하는 작은 원을 따라 움직인다. 주전원의 중심은 이심원 위에 있으며, 각 행성의 주전원은 서로 겹치지 않는다.

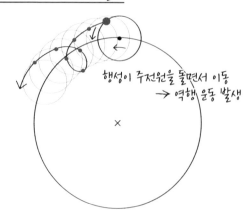

프톨레마이오스의 역행 운동 설명

행성이 주전원을 돌면서 이동
→ 역행 운동 발생

행성의 역행 운동은 행성들이 주전원을 따라 움직이는 운동과 이심원을 따라 공전하는 운동, 이 두 운동의 결합으로 설명할 수 있다. 행성이 주전원 상에서 공전 방향과 같은 방향으로 이동할 때 행성은 서쪽에서 동쪽으로 순행하는 것으로 보인다. 하지만 주전원 상에서 행성이 공전 방향과 반대 방향으로 이동할 때는 행성이 동쪽에서 서쪽으로 역행하는 것으로 보일 것이다.

행성들의 움직임을 더 잘 설명하기 위해 프톨레마이오스는 '이심 모델'이라는 세 번째 모델을 도입했다. 이심은 이심원의 중심을 기준으로 했을 때 지구 반대편에 위치해 있다. 중심에서 이심까지의 거리는 중심에서 지구까지의 거리와 같다. 이 모델에서 프톨레마이오스는 각속도 개념을 도입해서 행성들의 운동을 나타냈다. 이심을 기준으로 보았을 때 행성들은 일정 시간 동안 일정한 각도를 그리면서 운동한다는 것이다.

34쪽의 그림에서 행성이 A에서 B로 갔다면 이심을 기준으로 90°를 이동한 것이 된다. 만약 이때 걸린 시간이 1년이라면, 행성이 똑같이 90°를 이루는 B에서 C로 갈 때도 같은 시간인 1년이 걸린다. 이는 행성이 A에서 B로 갈 때는 같은 시간 동안 더 많은 거리를 이동하기 위해 더 빨리 움직여야 한다는 의미이다. 따라서 행성은 현재 위치에서 A로 갈 때는 속도가 빨라지고, B에서 C로 가는 동안에는 점점 느려진다. 지구에서 이 행성을 본다면 행성의 위치에 따른 속도 차이는 더욱 분명하게 드러날 것이다.

프톨레마이오스는 이처럼 이심원, 주전원, 이심 개념을 도입함으로써 원운동만을 이용해 천체의 불규칙한 운동들을 잘 설명해 냈다. 프톨레마이오스의 수학적 우주 이론은 그의 저서 《수학의 집대성》에 담겼다. 13권으로 구성된 이 책은 일종의 천문학·수학 백과사전이자 연구서이다. 프톨레마이오스는 이 책에서 고대 그리스에서부터 이어진 천문학 연구 성과들을 정리하고, 자신의 독창적인 우주 체계를 완성했다.

프톨레마이오스의 우주 체계
이심원 모델 : 지구가 공전 중심에서 벗어남 → 행성의 이동 속도가 달라짐
주전원 모델 : 행성이 주전원을 돌면서 공전 → 행성의 역행 운동
이심 모델 : 행성은 이심을 기준으로 일정한 시간에 일정한 각도를 이동

　　프톨레마이오스가 활동했던 헬레니즘 시대는 로마의 지배로 막을 내린다. 이후 로마는 3~4세기를 지나면서 동로마 제국과 서로마 제국으로 분열했고, 서로마 제국은 476년 게르만 민족에 의해 멸망했다. 보통 서로마 제국이 멸망한 476년부터 유럽의 중세가 시작되었다고 본다.

　　중세가 시작될 즈음 유럽 학자들의 학문 목표는 헬레니즘 시대와는 상당히 달라져 있었다. 380년에 기독교가 로마 제국의 국교가 된 이후로 학문의 가장 중요한 목표는 기독교의 가르침을 정당화하고 기독교 교리를 개발하는 것이 되었다. 따라서 순수한 지적 활동으로 평가받았던 고대 그리스의 학문은 계속 이어지기 어려웠다. 물론 기독교의 교리를 강화하는 데 고대 그리스의 학문을 이용하려는 시도도 있었고, 이를 위해 수도원을 중심으로 그리스 고전 서적들을 필사하고 연구하기도 했다. 하지만 고대 그리스에서 진행되었던 '자연에 대한 순수한 지식 체계'를 확립하려는 학

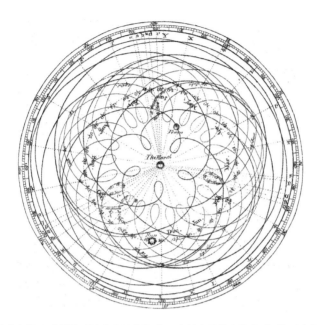

○ **프톨레마이오스의 우주** 태양의 연주 운동 궤도, 수성과 금성의 공전 궤도를 나타낸 그림이다. 태양은 1년, 수성은 7년, 금성은 8년 만에 첫 위치로 돌아온다.

문 활동은 점차 주변으로 밀려났다.

서유럽에서 고대 그리스 학문이 잊히는 동안 유럽의 동쪽에서는 고대 그리스 학문이 맹위를 떨치고 있었다. 그 주역은 바로 이슬람인들이었다.

아라비아반도의 메카에서 태어난 마호메트는 622년에 이슬람을 창시하고 이후 아라비아반도를 통일했다. 이슬람인들은 그로부터 약 120년이 지난 750년 즈음에는 에스파냐 남부, 아프리카 북부, 중앙아시아, 페르시아 등을 아우르는 대제국을 건설했다. 이들이 정복한 지역에는 알렉산드리아처럼 헬레니즘 시대에 자연철학이 크게 발달했던 지역들이 포함되어

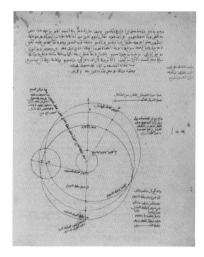

◎《알마게스트》후대의 연구자들은 프톨레마이
오스의《수학의 집대성》을 '알마게스트'라는 제
목으로 바꾸었다. 사진은 14세기에 아랍어로 번
역된 도서이다.

있었다.

바그다드에 수도를 둔 이슬람인들은 고대 그리스의 학문과 문화를 흡
수하고자 했고, 이를 위해 국가의 대대적인 지원 아래 번역 사업을 펼쳤
다. 이들은 갈레노스, 히포크라테스, 플라톤, 아리스토텔레스, 유클리드 등
고대 그리스 학자들의 책을 아랍어로 번역했다. 그리고 이를 바탕으로 여
러 과학 분야에서 독창적이고 혁신적인 발전을 이루어 냈다. 그리스 고전
번역서와 과학 연구 성과는 이슬람 제국의 전 지역으로 퍼져 나갔다.

이슬람인들이 번역한 고대 그리스 서적 중에는 프톨레마이오스가 쓴
《수학의 집대성》도 있었다. 이슬람인들은 이 책을 그리스어에서 아랍어로
번역하면서 책의 제목을 '최고의 책' 혹은 '위대한 책'이라는 의미의《알마
게스트》로 바꾸어 버렸다. 오늘날까지도 프톨레마이오스의 책은 원래 제
목보다《알마게스트》라는 제목으로 더 널리 알려져 있다.

사실 프톨레마이오스 체계는 아리스토텔레스 천문학의 제1원칙인 행성의 등속 원운동 원칙을 위반했다. 그럼에도 행성의 움직임을 매우 정확하게 예측할 수 있었기 때문에, 16세기에 코페르니쿠스가 대안을 제시할 때까지 오랫동안 이슬람과 유럽의 학자들에게 수용되었다.

고대와 중세, 지구 중심 우주 체계로 행성 운동을 설명하다

고대와 중세의 자연철학자들과 천문학자들은 지구가 우주의 중심에 위치한 우주 체계를 받아들이고 있었다. 오늘날 우리가 아는 우주 구조와 비교하면 이들의 우주는 크기가 매우 작았고, 천체들이 상당히 규칙적으로 배열되어 있었다.

고대와 중세의 천문학자들이 천체의 운동을 설명할 때 가장 중요한 원칙은 2가지였다. 하나는 행성들이 등속 원운동을 한다는 원칙이었고, 다른 하나는 별과 행성이 투명한 천구에 박혀 있다는 것이었다. 지구 중심 우주 체계는 마치 양파처럼 천구가 지구를 겹겹이 둘러싸고 있는 우주였다.

이 우주 체계에서 지구는 우주의 중심에 위치한다. 지구가 우주의 중심에 정지해 있고, 대신 별과 행성이 박혀 있는 천구가 등속으로 회전한다. 따라서 우리 눈에는 천체들이 지구를 중심으로 회전하는 것처럼 보인다. '천구가 움직이는 이론'이라고 여겨졌기 때문에, 지구 중심 우주 체계는 오랫동안 천동설이라는 이름으로 불렸다.

근대 이전까지 가장 큰 영향을 끼치고 있었던 지구 중심 우주 체계는 아리스토텔레스-프톨레마이오스 체계였다. 아리스토텔레스-프톨레마이오스 체계는 고대 그리스 아리스토텔레스의 우주 구조를 프톨레마이오스가 수학적으로 더 발전시킨 우주 체계이다. 프톨레마이오스는 지구를 행성들의 공전 중심에서 살짝 벗어나게 함으로써 태양의 불규칙한 운동이나 계절의 변화를 설명했으며, 주전원을 도입해 행성의 역행 운동을 설명했고, 이심 개념으로 행성들의 밝기와 속도가 일정하지 않은 현상을 잘 설명할 수 있었다.

아리스토텔레스-프톨레마이오스 체계는 사람들의 일상적인 체험을 잘 반영했으며, 상당히 정확하게 천체들의 움직임을 예측할 수 있었다. 이 우주 체계가 오랫동안 생명력을 유지할 수 있었던 것은 바로 이러한 장점들 덕분이었다. 코페르니쿠스가 등장한 1543년 이전까지는 말이다.

20세기 이전까지 별들은 나라마다 서로 다른 이름으로 불렸다. 이에 따른 문제를 해결하기 위해 국제천문연맹에서는 1930년에 하늘을 88개 구역으로 나눈 다음, 구역별로 별자리 이름을 통일했다. 오늘날 널리 알려진 별로는 백조자리의 데네브, 거문고자리의 베가, 독수리자리의 알타이르, 처녀자리의 스피카 등이 있다.

우리 선조들이 붙였던 별의 이름은 이러한 서양식 이름과는 완전히 다르다. 그중 북극성, 북두칠성, 견우성, 직녀성 등은 오늘날에도 많이 사용된다. 많이 쓰이지는 않지만 순우리말로 된 이름도 있다. 새벽에 뜬 금성의 이름인 샛별, 저녁의 금성을 나타내는 개밥바라기(혹은 어둠별), 견우성을 뜻하는 짚신할아비, 직녀성을 지칭하는 짚신할미, 플레이아데스성단을 일컫는 좀생이를 들 수 있다.

기록으로 전해지는 별자리 이름은 약 2,000년 전쯤에 중국에서 들어왔다. 그래서 삼국 시대 고분 벽화에는 한자 별자리 이름이 적혀 있다. 고대 중국인들은 별자리를 쉽게 알아보기 위해 하늘을 나누었다. 먼저 동서남북과 중앙의 5구역으로 나눈 다음, 별들을 사방신과 황룡의 형상에 연결해서 그려 넣었다. 이 5구역은 다시 중앙 3원과 사방 28수로 나뉘었다. 중앙의 3원은 북극 근처의 별이다. 28수는 달이 지나가는 길을 따라 만들었는데, 이 길을 따라 동서남북에 각각 대표적인 별자리를 7개씩 정했다. 예를 들어 겨울철의 오리온자리는 서쪽 방향 백호자리의 가장 아래쪽 두 구역(자수와 삼수)을 차지한다. 또 가을에 볼 수 있는 독수리자리의 알타이르별은 북쪽 방향 현무자리의 가장 위쪽 구역(우수)을 차지하는 별이다.

고대 중국인들은 하늘의 세계를 항상 지상의 세계와 연결해 이해하려고 했기 때문에, 땅의 영토를 나누듯이 하늘도 구획을 나누었던 것이다. 그리고 궁궐, 관리들의 이름, 곡식 창고, 강, 군대, 배 등 지상의 이름을 별에 붙였다. 이를 통해 하늘의 마음과 땅의 마음이 하나로 연결되어 있다고 생각했던 중국인들의 사고를 엿볼 수 있다.

고대 이집트와 메소포타미아에서는 천체 현상이 신의 의지라고 믿었지만, 고대 그리스에서는 그렇지 않았다. 아낙시만드로스는 신이 배제된 우주 체계를 만들었고, 피타고라스학파의 우주 체계에는 중심에 거대한 불이 놓였다.

기원전 4세기 고대 그리스에서는 우주 구조를 수학적이고 추상적인 방식으로 나타내려는 움직임이 나타났다. 에우독소스는 천체가 완벽한 구로 이루어졌다는 생각을 바탕으로 지구가 천체의 중심에 있는 2구체 모델과 동심 천구 모델을 제안했다. 아리스토텔레스는 동심 천구 모델을 자신의 물질론, 운동론과 결합했다.

프톨레마이오스는 행성의 불규칙한 운동을 설명하기 위해 3가지 장치를 동원했다. 첫째, 지구를 행성의 공전 궤도 중심에서 비껴 둠으로써 행성의 공전 속도 변화와 계절의 변화를 설명했다. 둘째, 주전원 개념으로 행성의 역행 운동을 설명했다. 셋째, 이심 개념을 도입해 행성이 이심을 중심으로 일정한 각속도로 운동한다고 함으로써 행성의 공전 속도 변화를 설명했다. 아리스토텔레스–프톨레마이오스 체계는 16세기 중반에 코페르니쿠스의 태양 중심 우주 체계가 등장할 때까지 권위를 유지했다.

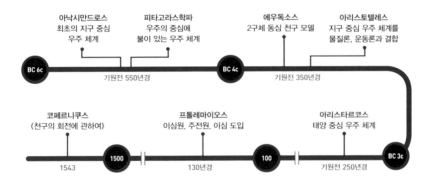

지구가 태양 주위를 돌고 있대!

코페르니쿠스의 우주 체계

그러나 결국 만물의 중심은 태양이다.
- 니콜라우스 코페르니쿠스 -

1543년에 출판된 코페르니쿠스의 《천구의 회전에 관하여》는 과학 혁명이라는 대사건을 촉발했다. 이 책에 담긴 태양 중심 우주 체계는 지구 중심 우주 체계보다 단순하면서도 미적으로 조화로웠다. 또 아리스토텔레스-프톨레마이오스 체계에서는 복잡하게 설명해야 했던 여러 현상을 쉽게 설명해 낼 수 있었다. 코페르니쿠스 체계는 행성의 역행 문제를 주전원 개념 없이 우주 구조만으로 간단하게 해결했다. 태양을 중심으로 한 행성들의 순서 배치나 내행성의 이각 등도 별도의 가정 없이 설명할 수 있었다. 또한 지구를 하나의 행성으로 천상계에 배치해 지상계와 천상계의 구분을 흔들어 놓고, 우주의 크기도 무한하게 확장시켰다.

그러나 코페르니쿠스의 혁명적인 이론이 당대에 쉽게 수용되지는 않았다. 수학자들과 천문학자들은 코페르니쿠스 체계를 천문학적 계산표 정도로 생각했다. 다수의 자연철학자들은 그것이 아리스토텔레스의 우주 체계와 배치된다는 이유로, 대중은 자신들의 일상적인 경험과 다르다는 이유로 무시했다. 이들은 지구의 자전과 공전에 여러 의문을 제기했다. 그들에게는 지구가 우주의 중심이 아니라면 무거운 물체가 땅으로 떨어질 이유가 없어 보였다. 사람들은 지구가 움직이는 속도도 느끼지 못했고, 위로 쏘아 올린 포탄은 제자리에 떨어졌다. 사람들은 이런 현상이 지구가 움직이지 않는 증거라고 생각했다. 이는 태양 중심 우주 체계가 쉽게 수용되지는 않을 것임을 시사했다.

코페르니쿠스, 프톨레마이오스에게 반기를 들다

니콜라우스 코페르니쿠스(Nicolaus Copernicus, 1473~1543)는 폴란드의 토룬에서 부유한 상인의 아들로 태어났다. 어렸을 때는 니클라스라고 불렸으나 라틴어를 학문 용어로 사용하던 당시 문화에 따라, 대학교에 입학할 때부터 니콜라우스라는 이름을 쓰기 시작했다.

코페르니쿠스가 10살이 되던 해에 아버지가 세상을 떠나자, 외삼촌이 그의 후견인이 되었다. 외삼촌은 가톨릭 교구 운영위원회 위원으로, 대주교가 되려는 야심을 품고 있었다. 그는 자신의 목표를 이루는 데 도움이 될 것이라고 생각해 어린 코페르니쿠스를 돌보고 학교에도 보냈다. 대주교가 된 외삼촌은 1491년에 코페르니쿠스와 그의 형을 당시 폴란드의 수도 크라쿠프에 있던 크라쿠프 대학교에 보내 주었다.

유럽에서 대학교가 처음 생겨난 것은 12세기 중반이었다. 중세에 기독교를 중심으로 지적 지형을 형성했던 서유럽은 11세기를 지나면서 학문적 활력을 되찾았다. 이때 학문이 발전하기 시작한 가장 큰 이유로 번역

❂ **니콜라우스 코페르니쿠스** 지구 중심의 우주관을 태양 중심의 우주관으로 바꾸며 과학 혁명을 시작했다.

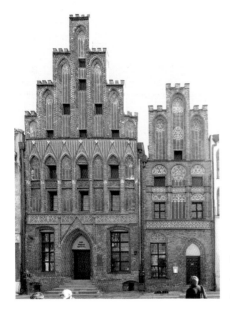

🔵 **코페르니쿠스의 생가** 토룬에 있는 코페
르니쿠스의 생가이다. 지금은 박물관 건물
로 쓰이고 있다.

사업을 들 수 있다.

8세기부터 중세 유럽에서는 이슬람의 수중에 들어가 있던 국토를 되찾
으려는 국토 회복 운동이 일어났다. 기독교인들은 마침내 11세기 말, 에스
파냐의 톨레도와 같은 유럽 이슬람 문화의 중심지들을 재점령했다. 그 결
과 이슬람인들이 보관하고 있던 고대 그리스의 저작들이 다시 유럽인의
손으로 넘어갔다. 오랜 지적 공백기를 가졌던 유럽의 식자층은 고대의 철
학자들에게 경외감을 느꼈다. 이들은 고대 그리스의 지식을 복원하겠다
는 열망으로 아랍어를 다시 라틴어로 번역하기 시작했다. 국가적으로 벌
였던 이슬람의 대대적인 번역 사업과는 달리 유럽의 번역 활동은 지엽적
으로 이루어졌지만, 그 파급력은 엄청났다. 당시에 생겨나기 시작한 대학

○ **야기엘론스키 대학교** 1364년에 설립되어 1817년까지 크라쿠프 대학교라고 불렸다. 코페르니쿠스가 수학과 천문학을 공부했던 곳으로, 당시 천문학 연구의 중심지였다.

교들의 영향이었다.

유럽에서는 1088년에 설립된 이탈리아의 볼로냐 대학교를 시작으로 옥스퍼드 대학교, 파리 대학교, 케임브리지 대학교 등이 모두 이 시기에 문을 열었다. 당시 대학의 교육 과정은 교양 학부와 전문 학부로 나뉘어 있었다. 대학생들은 먼저 교양 학부에서 3학(문법, 수사, 논리)과 4과(산술, 기하, 천문, 음악)를 공부한 다음, 전문 학부 공부를 시작했다. 중세 대학 교육의 목표는 신부, 의사, 법률가를 길러 내는 것이었기 때문에 전문 학부는 신학부, 의학부, 법학부로 나뉘어 있었다.

13세기 유럽의 대학교는 대부분 아리스토텔레스와 같은 고대 그리스 학자의 저서를 교양 학부 교재로 채택했다. 이는 유럽의 모든 대학생이 전문 학부에 진학하기 위해 반드시 유클리드 기하학이나 아리스토텔레스의 논리학 등을 공부해야 한다는 의미였다. 이러한 교육 과정은 코페르니쿠스가 공부하던 르네상스 시기까지도 변함없이 이어졌다.

코페르니쿠스도 크라쿠프 대학교에서 교양 학부 공부를 먼저 시작했다. 그는 아리스토텔레스의 저술들을 읽었고, 유클리드 기하학을 공부했다. 또 천문학 강의를 들으면서 행성 운행을 나타내는 천문표를 모으기 시작했다. 그는 점차로 천문학에 빠져들었다.

크라쿠프 대학교에서 4년간 공부한 코페르니쿠스는 22살이던 1495년에 가톨릭 대교구 참사회 위원에 임명되었다. 외삼촌의 힘이 작용한 덕분이었다. 하지만 곧 코페르니쿠스는 이탈리아의 볼로냐 대학교로 유학을 떠났다. 교회법을 공부하기 위해서였다.

볼로냐 대학교에 다니던 1497년, 코페르니쿠스는 볼로냐 대학교의 한 천문학 교수 집에서 하숙을 하게 되었다. 이는 코페르니쿠스가 자신의 천문학 지식을 넓혀 나가기 좋은 기회였다. 특히 그는 독일의 천문학자 레기오몬타누스(Regiomontanus, 본명 Johannes Müller von Königsberg, 1436~1476)가 해설한 《알마게스트 요약본》으로 천문표 만드는 방법을 익혔다.

프톨레마이오스의 이론을 공부하면서 코페르니쿠스는 프톨레마이오스의 우주 체계가 아리스토텔레스의 원칙에 들어맞지 않는다는 것을 깨달았다. 특히 그는 이심 개념에 불만을 품었다. 프톨레마이오스의 이심 개념에 의하면 행성들은 지구를 중심으로 원운동을 하는 것이 아니라, 보이지 않는 궤도 중심을 따라 공전한다. 또 행성들이 이심을 중심으로 일정한 각속도로 운동을 하기 때문에 행성의 공전 속도는 이심과의 거리에 따라 빨라지기도 느려지기도 한다.

행성이 완벽한 등속 원운동을 해야 한다고 생각했던 코페르니쿠스는 프톨레마이오스의 우주 체계를 아리스토텔레스의 원칙에 맞게 고치겠다고 결심했다. 그의 목표는 프톨레마이오스의 이심 개념을 사용하지 않고 행성의 불규칙한 운동을 완벽한 등속 원운동으로만 설명해 내는 것이었다. 그는 그것이 철학적으로 옳다고 생각했다.

이후 코페르니쿠스는 당시 해부학의 중심이던 이탈리아의 파도바 대학교에서 의학을 공부하고, 이탈리아의 페라라 대학교에서 박사 학위를 받았다. 바로 이 기간에 그는 자신의 학문적 기반이 될 사상을 접했다. 코페르니쿠스가 이탈리아에서 공부할 당시, 유럽 전역에서는 르네상스라고 불리는 예술과 문화의 시대가 펼쳐지고 있었다. 이 시기에는 많은 그리스 원전들이 발굴되어 라틴어로 번역되었는데, 이 번역서들은 인쇄술의 발달에 힘입어 유럽 전역으로 퍼져 나갔다.

그리스 원전 연구는 고대의 신비주의 사상이 유행하는 데 큰 영향을 끼쳤다. 그중 신플라톤주의라고 불리던 신비주의 사상이 이탈리아에서 특히 크게 유행했다. 아리스토텔레스의 학문과 이를 가르치던 대학교에 반감을 느끼기 시작한 르네상스 인문주의자들은 아리스토텔레스로 대변되는 고대의 학문과 결별할 수 있는 대안이었던 신플라톤주의에 매료되었다.

신플라톤주의자들은 자연에서 단순한 기하학적 규칙성을 발견하는 것이 가능하며, 태양이 우주의 모든 힘의 원천이라고 생각했다. 또 늘 변화가 일어나는 복잡한 자연 현상 속에서도 수학적 단순성을 찾아낼 수 있으며, 수학을 통해 우주의 본질을 알아낼 수 있다고 믿었다. 이들은 프톨레마이오스의 우주 체계처럼 복잡한 체계는 자연의 수학적 질서를 드러내지 못한다고 여겼고, 우주 구조는 고대부터 상상해 왔던 것에 비해 수학적으로 더 단순하며 심미적으로 더 조화로울 것이라고 생각했다.

이탈리아에서 유학한 코페르니쿠스도 바로 이 신플라톤주의에 매료된 상태로 고향으로 돌아갔다. 그가 고향으로 돌아간 것은 1503년, 그의 나이 30살 때의 일이었다. 코페르니쿠스는 참사회 위원으로서 교회의 재산을 관리하고 감독하면서 여가를 이용해 마음껏 천문학을 연구하기 시작했다.

코페르니쿠스가 고향의 교회에서 천문 연구에 심취해 있을 때, 유럽인들은 대항해 시대라고 불리는 탐험의 시대를 거치며 활동 영역을 전 세계로 확대하고 있었다. 또 종교적으로는 종교 개혁이라는 대변혁이 일어나고 있었다. 한편 당시 사용하던 달력인 율리우스력은 오차가 심했기 때문에 달력 개혁의 필요성도 절실한 상황이었다. 이런 시대적 분위기 속에서 학자들은 고대의 지식이 당대에 적용하기에는 적합하지 않다고 느꼈고, 이는 지식 체계를 바꿔야 한다는 믿음으로 이어졌다. 코페르니쿠스가 천문 연구에 매진하던 당시 유럽은 이처럼 거대한 지적 변화를 위한 잠재력이 극대화된 상태였다.

코페르니쿠스는 근대의 탄생이라는 이 거대한 지적 흐름 앞을 달리고 있었다. 코페르니쿠스는 1504년 무렵부터 행성들이 태양을 중심으로 공전하도록 프톨레마이오스의 주전원을 재배치하기 시작했다. 1510년 즈음에는 행성들이 태양을 중심으로 공전한다는 가설을 담은《짧은 해설서(Commentariolus)》를 비공개적으로 출판하기도 했다.

처음에 코페르니쿠스는 지구가 우주의 중심에 고정되어 있고, 다른 행성들은 태양을 중심으로 회전한다고 생각했다. 그러자 행성들의 천구가 겹치는 문제가 생겼다. 코페르니쿠스는 문제를 해결하기 위해 태양을 우주의 중심으로 옮기고 지구를 행성 중 하나로 바꾸었다. 천구들은 서로 겹치지 않고 완벽하게 배치될 뿐 아니라 행성의 움직임이 더 간결해졌다.

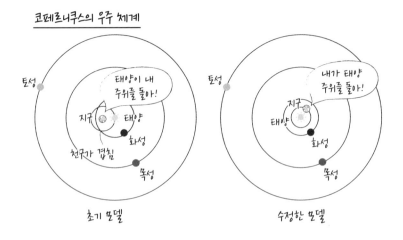

코페르니쿠스가 한창 새로운 우주 체계를 고안하던 1515년, 마침내 프톨레마이오스가 쓴 《알마게스트》의 전체 내용이 출판되었다. 《알마게스트》를 열심히 공부한 코페르니쿠스는 《알마게스트》를 완벽하게 이해함으로써 이 책을 뛰어넘을 수 있는 첫 번째 세대가 되었다.

코페르니쿠스는 교회의 전망대에 관측기구를 설치하고 태양과 행성의 위치, 일식과 월식을 관측했다. 프톨레마이오스의 우주 체계를 태양 중심의 새로운 모델로 바꾸기 위한 자료를 모으기 위해서였다. 1529년부터 코페르니쿠스는 프톨레마이오스 체계를 완벽하게 대체할 저서를 집필하기

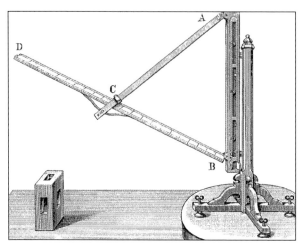

❍ **삼각자** 코페르니쿠스가 사용했던 삼각자로, 천문 관측을 위한 도구이다. 코페르니쿠스는 《천구의 회전에 관하여》를 집필하기 위해 관측 자료를 모았다.

시작했다. 코페르니쿠스의 지인들은 그에게 책을 빨리 출판할 것을 권유했지만, 코페르니쿠스는 출판을 하지 않은 채 원고를 다듬고 또 다듬기를 반복했다.

출판을 망설이고 있던 코페르니쿠스에게 레티쿠스(Rheticus 혹은 Georg Joachim de Porris, 1514~1574)라는 오스트리아의 젊은 수학자이자 천문학자가 찾아왔다. 그는 1539년에 코페르니쿠스를 찾아와 약 2년이 넘게 곁에서 머물렀다. 레티쿠스는 코페르니쿠스의 유일한 제자였던 셈이다. 레티쿠스는 코페르니쿠스의 책 내용을 공부했고, 1540년에 《최초의 보고서》라는 글에서 코페르니쿠스 체계를 처음으로 세상에 공표했다. 60대 후반이 된 코페르니쿠스는 제자와 지인들의 설득에 마침내 자신의 책을 출판하기로 결심했다. 코페르니쿠스의 책에는 매우 복잡한 그림들이 들어

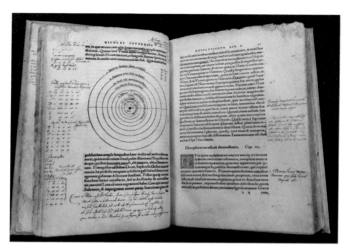

○ 《천구의 회전에 관하여》 태양 중심 우주 체계를 담은 책이다. 지구가 행성 중 유일하게 달을 가진 것으로 그려졌는데, 망원경이 발명되지 않아 다른 행성의 위성이 발견되지 않았기 때문이다.

있어서 인쇄술이 발달한 독일까지 가서 인쇄해야 했다.

출판을 진행하던 도중에 레티쿠스가 라이프치히 대학교에 수학 교수로 가게 되자, 이번에는 독일의 루터교 성직자였던 안드레아스 오시안더(Andreas Osiander, 1498~1552)가 일을 맡았다. 오시안더는 코페르니쿠스의 책을 인쇄하는 과정에서 익명의 서문을 책에 끼워 넣었다. 그 서문은 코페르니쿠스 체계가 단지 수학적 가설에 불과하니 물리적 실재로는 생각하지 말라는 내용이었다. 오시안더의 의도는 사람들로 하여금 코페르니쿠스 체계를 무리 없이 받아들이게 하겠다는 것이었다. 바로 이 그 서문 때문에 코페르니쿠스의 책이 수십 년 동안 종교와 큰 마찰을 일으키지 않았던 것인지도 모른다.

400쪽에 달하는 코페르니쿠스의 책은 1542년 6월부터 1543년 3월까지,

장장 10개월 동안 인쇄되었다. 그 사이에 코페르니쿠스에게는 뇌출혈이 일어났고, 1543년 5월 24일에 그는 세상을 떠나고 말았다. 이날은 코페르니쿠스가 자신의 책이 완벽하게 인쇄된 것을 처음으로 확인한 바로 그날이었다고 한다.

코페르니쿠스의 책 제목은 원래《회전》이었다. 하지만 인쇄소에서는 책에 좀 더 긴 제목을 붙여 주었다. 이 책이 바로 과학 혁명이라는 엄청난 변혁을 시작하게 했던《천구의 회전에 관하여》이다.

《천구의 회전에 관하여》1권 1장은 천체 궤도의 질서에 관한 내용이다. 바로 이 부분에 코페르니쿠스가 이 책을 통해 말하고자 하는 바가 명확하게 드러나 있다.

그러므로 우리는 지구의 중심과 달을 포함한 전체가 다른 행성들 사이를 지나면서 태양 주위를 1년에 1회전 한다고 생각하는 것이다. 우주의 중심은 태양이며, 지구는 다른 행성들처럼 태양 주위의 거대한 궤도를 돌며 연주 운동을 한다. 태양은 영원히 움직이지 않는다. 지구와 태양 사이의 거리는 항성 천구의 크기에 비해 너무나 작기 때문에, 태양의 운동으로 보이는 모든 것은 지구의 운동에 의한 것이다. (중략) 태양은 도는 궤도의 중심에 정지해 있다. 이 아름다운 전당의 등불을 모든 것을 동시에 비출 수 있는 그 중심 말고 어느 곳에 놓을 수 있겠는가? (중략) 태양은 왕좌에 앉아 주위를 회전하는 별들의 가족을 다스린다.

-니콜라우스 코페르니쿠스,《천구의 회전에 관하여》(홍성욱,《과학고전선집》, 39~40쪽)

코페르니쿠스는 태양을 우주의 중심으로 이동시켰고, 항성 천구의 1일 1회전 운동을 없애 버렸다. 태양 중심의 새로운 우주 체계에서 지구는 하나의 행성으로서 태양을 중심으로 공전하며, 자체의 축을 중심으로 하루에 1회씩 자전하게 되었다.

'중심에 정지해 있는 태양과 태양 주위를 공전하는 지구.' 코페르니쿠스는 그것이 하나의 수학적 가설이 아니라 우주가 실제로 그렇게 생겼다고 믿었다. 비록 그는 천문학자였지만, 대담하고 확고하게, 우주의 구조에 대해 자연철학적 답을 내놓았던 것이다.

태양을 우주 중심에 두고 행성의 역행 운동을 설명하다

《천구의 회전에 관하여》의 서문에는 코페르니쿠스가 이 책을 쓴 목적이 기술되어 있다. 그의 목표는 행성들의 위치를 수학적으로 정확하게 계산해 내는 것이었다. 그는 천상계의 천체는 완벽한 등속 원운동을 한다는 아리스토텔레스의 명제를 따라, 이심이나 주전원 개념을 배제하고 오로지 순수한 등속 원운동의 조합만으로 자신의 목표를 이루고자 했다. 코페르니쿠스는 목표를 위해 지구의 운동이라는 혁명적인 개념을 도입했다.

교황님께서는 제가 무슨 생각으로 수학자들의 통념이나 상식에 반하는 지구의 운동이라는 것을 감히 상상했는지 궁금해하실 것입니다. 저는 수학자들의 연구 결과가 일치하지 않는 상황에서, 단지 저의 지식을 통해서 천체의 움직임을 다른 방식으로 정리하게 되었음을 교황님께 솔직하게 말씀드리고 싶습니다. 수학자들은 첫째로 태양과 달의 움직임에 대해 너무나 확신이 없어서 1년의 크기가 변하지 않는다는 것을 관측하거나 증명하지도 못합니다.

다음으로 태양과 달, 다섯 행성의 움직임에 대한 이론을 만드는 데 있어서 그들은 회전과 겉보기 운동에 대한 단일한 원리·가정·증명 등을 사용하지 않습니다. 어떤 사람들은 동심원만을 사용하고, 또 다른 사람들은 이심원과 주전원을 사용하였으나, 그들이 찾던 것을 완전히 얻을 수는 없었습니다.

동심원을 믿었던 자들은 여러 가지 운동이 동심원들만을 사용하여 구성될 수 있다는 것을 보였음에도 불구하고, 관측되는 현상들에 완전히 부합하는 어떤 것을 확실히 만들 수는 없었습니다. 이심원을 고안했던 자들은 겉보기 운동들을 수치적으로 계산할 수 있었지만, 한편으로는 움직임의 질서라는 제1원리와 모순되는 많은 것들도 동시에 인정했던 것입니다. 더구나 그들은 우주의 형태와 그 부분들의 정확한 대칭성을 발견하거나 추측할 수도 없게 되었습니다. 마치 각각 다른 사람으로부터 손·발·머리·팔다리들을 취하여 아름답게 조합하였지만, 한 몸 안에 조화롭거나 각 부분이 서로 부합되게끔 조합하지는 못해 사람이기보다는 괴물을 만드는 꼴과 같습니다.

– 니콜라우스 코페르니쿠스,《천구의 회전에 관하여》<small>(홍성욱,《과학고전선집》, 9~10쪽)</small>

이렇게 시작하는 코페르니쿠스의《천구의 회전에 관하여》는 지구의 운동을 설명하는 부분을 제외하고는 전통적인 수리천문학 서적이다. 수학을 통해 우주의 본질을 이해하고자 했던 이 책은 총 6편으로 구성되어 있다. 이 책의 1편에서 코페르니쿠스는 태양 중심 우주 체계의 장점을 소개한다. 2편에서는 태양, 달, 행성과 같은 천체의 겉보기 운동을 관찰한 결과를 바탕으로 천체의 위치와 운동을 다룬다. 이어서 3편에서는 지구의 운동을, 4편에서는 달의 운동을, 그리고 5편과 6편에서는 행성의 운동을 설명한다. 《천구의 회전에 관하여》는 초판을 400부 인쇄했는데, 다 팔지 못했다고 한다. 1편을 제외하고는 내용이 너무 수학적이고 난해해서 전문적으로 수리천문학 교육을 받은 소수만이 이해할 수 있었기 때문이다.

코페르니쿠스 체계의 핵심은 태양을 우주의 중심으로 옮겼다는 점이다. 그래서 코페르니쿠스 체계를 '태양 중심 우주 체계' 또는 '태양 중심설'이라고 부른다. 코페르니쿠스 체계에서 지구는 하나의 행성으로서 태양을 중심으로 원을 그리며 공전하는 천체가 되었다.

지구가 공전 운동을 한다고 가정해도 눈에 보이는 별자리나 태양의 움직임은 지구가 중심일 때와 같을 것이다. 코페르니쿠스는 지구가 행성 공전 궤도의 중심에 놓일 수 없는 근거로 행성들과 지구의 거리가 일정하지 않다는 사실을 들었다. 그는 우주의 중심에 불이 있고 지구는 그 불 주위를 돈다고 생각했던 피타고라스학파의 우주관을 또 다른 근거로 들었다.

코페르니쿠스는 태양을 중심으로 행성들의 배열 순서를 정할 때, 고대의 자연철학자들이 쓰던 방법을 따랐다. 고대의 자연철학자들은 공전 궤도의 크기에 따라서 행성의 순서를 결정했다. 고대에는 육안으로만 행성을 관측할 수 있었기 때문에 수성, 금성, 화성, 목성, 토성 5개의 행성만이 알려져 있었는데, 수성과 금성의 순서에 대해서는 자연철학자들 사이에도 이견이 있었다.

코페르니쿠스는 공전 궤도의 크기가 클수록 공전 주기가 길어질 것이라는 단순한 논거를 이용해 행성들의 배치 순서를 결정했다. 그는 일단 항성 천구를 가장 먼 곳에 놓았고, 우주의 중심에는 태양을 놓았다. 그리고 행성들은 공전 주기에 따라 차례로 우주에서의 위치를 정했다. 수성과 금성의 순서도 공전 주기에 따라 결정했다.

태양계 행성들의 공전 주기

행성	공전 주기
수성	88일
금성	225일
지구	1년
화성	2년
목성	12년
토성	30년

아리스토텔레스와 같은 고대 자연철학자들이 지구가 우주의 중심에 정지해 있다고 생각했던 이유는 역학적인 문제와도 관련이 있었다. 아리스토텔레스는 지구가 우주의 중심에 있기 때문에 무거운 물체가 지구의 중심을 향해 떨어진다고 생각했다. 프톨레마이오스는 만일 지구가 자전한다면 속도가 너무 빨라서 지구는 오래전에 부서졌을 것이며, 지구 위의 물체들은 흩어져서 지구 중심을 향해 떨어지지도 않을 것이라고 생각했다.

하지만 코페르니쿠스는 오히려 이 생각들에 의문을 제기했다. 매일 태양과 달, 별이 뜨고 지는 일주 운동을 설명하기 위해 천구, 즉 거대한 우주가 하루에 1바퀴씩 회전한다고 보는 것이 더 이상하지 않을까? 그는 생각을 전환해 눈으로 보기에는 하늘이 회전하는 것처럼 보이지만, 실제로는 그와 반대로 지구가 움직이는 것이라고 주장했다. 마치 배를 타고 항해하

○ 태양계 육안으로만 하늘을 관측했던 시기에는 6개의 행성만이 알려져 있었다.

는 선원의 눈에 자신은 가만히 있고 바깥 풍경이 움직이는 것으로 보이는 것처럼 말이다. 또 그는 지구가 엄청나게 빠른 속력으로 움직이는데도 공기나 구름이 제자리에 정지해 있는 것처럼 보이는 것은 공기와 구름이 지구와 같이 움직이기 때문이라고 생각했다.

코페르니쿠스는 이런 생각을 바탕으로 지구가 자체의 축을 중심으로 회전한다는 지구 자전 개념을 도입했다. 코페르니쿠스는 일주 운동의 원인이 지구가 서에서 동으로 회전하기 때문이라고 설명했다. 일주 운동은 "왜 담긴 것이 아니라 담은 것이 움직여야 하고, 왜 장소에 놓여 있는 물체가 아니라 장소를 제공하는 것이 움직여야 하는가?"라는 의문에 대한 그의 답이었다. 코페르니쿠스는 지구를 자전시킴으로써 별들의 일주 운동을 가장 단순한 방식으로 설명하는 데 성공했다.

일주 운동 : 지구 자전 → 천체가 매일 1바퀴씩 도는 것처럼 보임

사실 코페르니쿠스의 체계가 아리스토텔레스-프톨레마이오스 체계보다 계산상으로 더 우월하거나 행성 운동을 더 정확하게 예측할 수 있었던 것은 아니었다. 그렇다면 무엇이 코페르니쿠스 체계를 중요하게 만들었을까? 지구 중심 우주 체계에서 복잡한 가정을 도입해야 설명이 가능했던 행성의 역행 운동이나 내행성의 최대 이각 문제 등을 코페르니쿠스의 태양 중심 우주 체계는 훨씬 더 간단하게 풀어냈다. 그 단순성과 조화로움은 젊은 학자들에게 큰 매력으로 다가갔다.

코페르니쿠스 체계의 가장 큰 장점은 천문학자들의 난제 중 하나였던 행성의 역행 운동 문제를 별도의 가정 없이 우주의 구조만을 가지고도 설명할 수 있었다는 점이다. 프톨레마이오스는 행성의 역행 운동을 설명하기 위해 주전원이라는 개념을 도입해야 했지만 코페르니쿠스는 우주 구조만으로 간결하고 명확하게 설명했다.

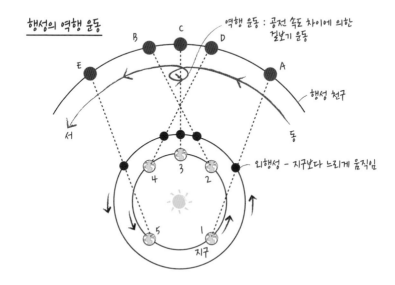

코페르니쿠스는 행성의 역행 운동이 안쪽 궤도의 행성들이 더 빨리 공전하기 때문에 나타나는 현상이라고 설명했다. 앞의 그림에서 지구가 1번 위치에 있을 때는 행성이 A에 있는 것으로 보인다. 마찬가지로 지구가 2번 위치에 있을 때 행성은 B에 있다. 그런데 3번에서 행성을 보면 행성이 C에 있다. 행성이 거꾸로 움직인 것처럼 보이는 것이다.

태양 중심 우주 체계의 또 다른 장점은 우주 구조만으로도 내행성의 최대 이각 문제를 해결한다는 것이다. 내행성은 태양계에서 지구보다 안쪽 궤도를 도는 수성과 금성을 의미한다. 수성과 금성을 지구에서 관측하면, 이 행성들이 태양을 중심으로 태양의 서쪽이나 동쪽으로 일정 각도 이상은 벌어지지 않는다. 이때 두 행성이 태양으로부터 가장 멀리 떨어져 있을 때의 각도를 최대 이각이라고 한다. 수성의 최대 이각은 약 28°이고, 금성의 최대 이각은 약 47°이다.

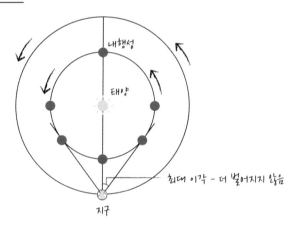

코페르니쿠스 체계에서는 최대 이각 문제도 우주 구조 자체만으로 설명할 수 있다. 수성이나 금성은 지구보다 안쪽 궤도에서 돌기 때문에 앞의 그림에서 보이는 것처럼 태양과의 각도가 일정 수치 이상으로 벌어질 수가 없다. 하지만 프톨레마이오스 체계에서는 이런 최대 이각이 생길 이유가 없다. 태양과 지구와 내행성이 독자적으로 움직이기 때문이다. 프톨레마이오스는 이 의문을 풀기 위해 지구와 주전원 중심과 태양이 일직선상에 놓인다는 가정을 도입하기도 했다. 코페르니쿠스에게 이러한 임시방편적인 별도의 가정은 더 이상 필요하지 않았다.

코페르니쿠스 체계, 혁명적이었지만 고대 천문학을 버리지 못하다

코페르니쿠스는 자신의 새 우주 질서를 이용해 행성의 운동과 위치를 정확히 예측해 낼 수 있다고 믿었다. 실제로 앞서 살펴본 대로 태양 중심 우주 체계를 이용하면 여러 천문 현상들에 대해 단순 명확한 해답을 이끌어 낼 수 있었다.

하지만 행성의 역행 운동이나 최대 이각, 행성의 순서 같은 문제가 지구 중심 우주 체계로 설명할 수 없었던 현상들은 아니었다. 다소 복잡하기는 했지만 지구 중심 우주 체계에서도 이러한 현상들은 모두 설명이 가능했다. 또 지구의 공전과 자전이라는 개념을 코페르니쿠스가 최초로 제시했던 것도 아니었다. 《천구의 회전에 관하여》에서 코페르니쿠스는 자신이전에 지구의 운동성을 논했던 학자들의 예를 든다. 고대 그리스의 천문학자인 아리스타르코스는 코페르니쿠스가 자신의 주장을 펼치기 훨씬 전에 지구가 태양을 중심으로 공전과 자전을 한다고 주장했다. 코페르니쿠스가 태양 중심설을 증명한 것도 아니고, 그 이전 체계로 설명 불가능했던 현상의 답을 처음 찾아낸 것도 아니었다면, 그의 이론을 특별하게 만든 것은 무엇이었을까?

코페르니쿠스를 그 이전 세대의 다른 학자들과 구분해 주었던 것은 그가 지구의 운동을 설명하기 위해 도입한 수학이었다. 코페르니쿠스 이론의 호소력은 그의 우주 체계가 가지는 수학적 단순성과 조화, 질서 등의 신플라톤주의적인 가치에 있었다.

코페르니쿠스 체계는 여러 가지 면에서 혁명적이었다. 첫째는 지구를 하나의 행성으로 규정해 우주의 중심에서 외곽으로 옮김으로써 천상계와 지상계의 구분을 흔들어 놓았다는 것이다. 아리스토텔레스 이래로 오랫동안, 달 천구 아래의 지상계와 달 위쪽의 천상계는 전혀 다른 세계로 인식되어 왔다. 지상계가 변화의 세계라면 천상계는 영원불변의 완벽한 세계였고, 지상계에서의 자연스러운 운동이 상하 운동이었다면 천상계에서의 자연스러운 운동은 완벽한 등속 원운동이었다. 코페르니쿠스는 지상계에 속해 있던 지구를 천상계로 올려 보냄으로써 두 세계의 구분을 모호하게 만들어 버렸다.

물론 이를 위해서는 매우 큰 과제를 해결해야 했다. 여러 역학적인 문제들을 해명할 필요가 있었던 것이다. 지구가 행성이고 공전과 자전을 한다는 주장은 사람들의 경험과 부합하지 않았다. 사람들은 '지구가 자전과 공전을 하는 데 우리는 왜 그것을 느끼지 못하는가?', '지구가 우주의 중심도 아닌데 왜 무거운 물체들은 지구의 중심을 향해서 떨어지는가?', '왜 높이 쏘아 올린 화살은 제자리에 떨어지는가?' 등의 질문을 던졌다. 이 질문들에 대한 답은 갈릴레오나 뉴턴과 같은 후대 연구자들이 찾아야 할 몫이었다.

코페르니쿠스 체계의 두 번째 혁명성은 우주의 크기가 엄청나게 커졌다는 점이다. 지구가 공전한다는 가장 강력한 증거는 연주 시차라고 할 수 있다. 지구가 공전한다면, 지구의 위치에 따라 특정한 천체를 관찰하는 시각에 차이가 나타날 것이기 때문이다. 같은 물체를 다른 지점에서 보았을 때 나타나는 시각 차이가 시차이며, 연주 시차는 반년 간격을 두고 측정한 별의 시차이다. 연주 시차는 매우 작기 때문에 당시 기술로는 관측할 수 없었다. 코페르니쿠스는 연주 시차가 발견되지 않는 이유가 우주가 무한히 크기 때문이라고 생각했다.

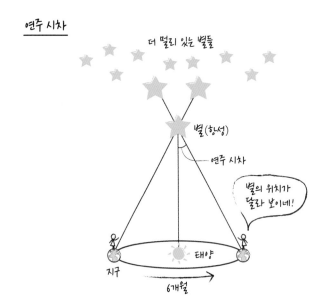

그렇다고 해서 코페르니쿠스 체계가 꼭 근대적이고 혁명적이었던 것만은 아니었다. 지구에 운동성을 부여함으로써 지상계와 천상계의 경계를 무너뜨렸고 우주의 크기를 무한대로 확대시켰다는 점을 뺀다면, 코페르니쿠스의《천구의 회전에 관하여》는 많은 부분에서 고대의 천문학적 유산들을 그대로 이어받았다.

코페르니쿠스는 고대 천문학자들이 그랬던 것처럼 천체 운동을 철저하게 등속 원운동의 조합으로만 설명해야 한다고 생각했다. 바로 그 이유로 프톨레마이오스의 이심 개념을 부정했고, 오히려 프톨레마이오스보다 더 이전 세대인 아리스토텔레스의 등속 원운동 원칙을 계승했다. 하지만 실제로는 타원인 행성의 공전 궤도를 원운동으로만 설명하려다 보니, 코페르니쿠스도 결국 많은 수의 주전원을 사용할 수 밖에 없었다.

코페르니쿠스는 완벽한 원이라는 개념뿐만 아니라 고대 그리스로부터 이어져 내려오던 천구 개념도 고집했다. 오랫동안 학자들은 천체가 투명한 천구에 박혀 있고, 천체의 움직임은 천구가 움직여서 나타난다고 설명해 왔다. 지구가 우주의 중심에 정지해 있을 때는 수정체 천구 개념이 별문제가 되지 않았지만, 지구에 운동성을 부여하자 이론상의 허점이 드러나고 말았다. 계절 변화를 설명할 수 없게 되었던 것이다.

천구가 있는 상태에서 지구가 운동을 한다면 지구에는 계절이 생기지 않는다. 지구가 천구에 고정되어 있기 때문에 햇빛을 많이 받는 부분은 언제나 많이 받고, 적게 받는 부분은 언제나 적게 받게 된다. 하지만 천구가 없다면 자전축의 기울어짐에 따라 자연스럽게 햇빛을 받는 양이 달라져 계절이 생길 것이다.

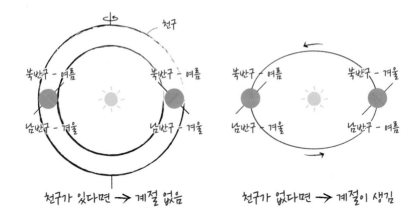

천구

북반구 – 여름   북반구 – 여름   북반구 – 여름   북반구 – 겨울

남반구 – 겨울   남반구 – 겨울   남반구 – 겨울   남반구 – 여름

천구가 있다면 → 계절 없음   천구가 없다면 → 계절이 생김

코페르니쿠스는 계절 변화를 설명하기 위해 지구에 원뿔 모양의 세 번째 운동을 부여했다. 지구가 태양 주위를 공전하면서 동시에 자전축을 따라 선회하는 운동을 한다는 것이다. 이처럼 코페르니쿠스 체계에는 혁명성과 보수성이 공존하고 있었다.

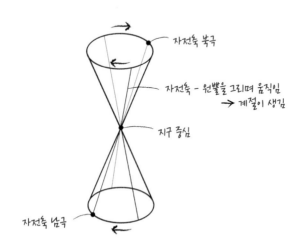

자전축 북극

자전축 – 원뿔을 그리며 움직임
→ 계절이 생김

지구 중심

자전축 남극

코페르니쿠스는 지구의 운동 개념을 통해 고대 천문학 전통과 결별을 고했지만, 많은 부분은 여전히 아리스토텔레스의 전통을 따르고 있었다. 따라서 그의 체계에 대한 반응도 다양했다.

코페르니쿠스는 책을 출판하기 전부터 이미 뛰어난 천문학자로서 명성이 높았기 때문에 적어도 천문학계에서 《천구의 회전에 관하여》는 무시할 수 없는 걸작으로 받아들여졌다. 하지만 천문학자들은 지구의 운동 개념을 실제 물리적 현상으로 수용했다기보다는 좀 더 정밀한 천문표를 작성하기 위한 또 다른 독창적 시도 정도로 받아들였다. 계산상의 편의를 위한 가설로 수용했던 것이다.

자연철학자들은 태양 중심설을 매우 비판적으로 대했다. 아리스토텔레스의 물리 법칙에 맞지 않는 체계였기 때문이었다. 아리스토텔레스의 우주론·물질론·운동론이 매우 견고했고, 자신들의 경험과도 부합했기 때문에 믿음을 깰 수 없었던 것이다. 이들은 코페르니쿠스 체계를 진지하게 고려할 가치가 없다고 여겼다. 한편, 일반 대중은 코페르니쿠스 체계에 철저하게 무관심했다.

하지만 코페르니쿠스 체계가 가진 미적 조화에 완전히 매료된 사람들도 있었다. 코페르니쿠스 체계를 추종했던 신플라톤주의자들은 태양 중심 체계가 물리적 실재를 나타낸다고 생각했고, 지구가 진짜로 자전과 공전 운동을 한다고 믿었다. 이들 극소수의 코페르니쿠스주의자들은 코페르니쿠스로부터 '지구의 운동'이라는 개념을 가져와서 새로운 우주 체계를 확립하게 된다. 케플러, 갈릴레오, 뉴턴이 바로 그들이었다.

《천구의 회전에 관하여》, 과학 혁명의 신호탄을 올리다

과학 혁명은 16~17세기에 걸쳐 근대 과학이 탄생한 사건을 의미한다. 일반적으로 과학 혁명은 1543년에 시작되었다고 말한다. 1543년은 코페르니쿠스의 《천구의 회전에 관하여》가 출판된 해이다. 코페르니쿠스의 태양 중심 우주 체계는 우주에 대한 새로운 시각을 제시하며 과학 혁명이라는 거대한 변화의 시작을 알렸다.

태양 중심 우주 체계가 처음부터 사람들에게 물리적 실재로 받아들여진 것은 아니다. 당시 대부분의 천문학자들은 코페르니쿠스의 새로운 우주 체계가 수학적 가설일 뿐이며 새로운 천문표일 뿐이라고 생각했다. 또 많은 자연철학자들은 코페르니쿠스 체계가 상식적인 경험에 부합하지도 않고 아리스토텔레스의 물리 법칙에도 위반된다고 생각해 진지하게 고려하지 않았다. 케플러, 갈릴레오, 뉴턴 같은 극히 일부 인물들만이 코페르니쿠스 체계가 가설이 아닌 실제 세계라고 믿었다. 이는 아리스토텔레스 체계가 지닌 위상이 그만큼 견고했기 때문이기도 했다.

그렇다면 과학사적으로는 코페르니쿠스를 어떻게 평가할 수 있을까? 고대부터 이어져 내려온 천문학 전통을 타파한 혁명적인 인물로 보아야 할까? 그는 최초의 근대 천문학자일까, 아니면 마지막 고대 천문학자일까?

지구의 위치를 바꾸고 지구에 자전과 공전이라는 운동을 부여했다는 점에서 그의 우주 체계는 혁명적이었다. 하지만 등속 원운동을 가장 중요한 원칙으로 삼은 고대 천문학의 순수한 형태로 돌아가고자 했다는 점에서 그는 고대 천문학의 계승자였다. 이러한 양면성 때문에 과학사학자이자 과학철학자 토머스 새뮤얼 쿤(Thomas Samuel Kuhn, 1922~1996)은 다음과 같이 평가했다.

> 《천구의 회전에 관하여》의 중요성은 그 책이 스스로 말한 것보다 그 책이 다른 이들로 하여금 말하게 한 것에 있다고 볼 수도 있다. 그의 책은 혁명적인 (revolutionary) 저작이라기보다는 혁명을 야기한(revolution making) 저작이다.
>
> ─토머스 새뮤얼 쿤,《코페르니쿠스 혁명》(정동욱 옮김, 257~258쪽)

코페르니쿠스를 어떻게 평가하든 그가 천문학 혁명, 나아가 과학 혁명이라는 큰 변화를 시작한 인물이라는 사실은 변하지 않을 것이다.

과학 혁명으로 생산된 유럽의 지식은 주로 로마 가톨릭교회의 수도회인 예수회를 통해 중국에 소개되었다. 이 지식은 종교와 함께 중국에 유입되었지만, 중국이나 조선의 유학자들은 서양 과학을 기독교 신앙과 별개로 받아들였다. 이때 동아시아로 유입된 우주론 중 일부는 동아시아의 전통적인 세계관과 충돌하기도 했다. 그중 대표적인 것이 지구(地球)와 지전(地轉)설이었다. 지구는 땅이 둥글다는 개념이고, 지전설은 지구가 회전 운동을 한다는 이론이다.

유럽에는 오랫동안 땅이 둥글다는 개념이 있었지만, 동아시아인들에게 지구 개념은 완전히 새로웠다. 동아시아에는 전통적으로 천원지방(天圓地方)이라는 우주론이 이어져 왔다. 천원지방은 '하늘은 둥글고 땅은 네모나다.'라는 뜻이다. 또한 지구 개념은 중국의 중화사상과도 심각하게 충돌했다. 중화사상은 중국이 세계의 중심에 있다는 믿음이었다. 하지만 땅이 둥글다면 거기에는 중심이 있을 수 없다. 지구 개념은 중화사상과 부딪쳤기 때문에 중국의 많은 사상가들이 이를 반대했다.

그러나 지전설은 지구 개념과는 달리 오히려 중국에서 쉽게 수용되었다. 유럽에서는 지구가 우주의 중심에 고정되어 있다는 전통적인 개념과 지구의 회전이라는 개념 사이에서 엄청난 충돌과 논란이 일어났었다. 하지만 유럽과는 달리 동아시아에서는 땅이 정지해 있어야 할 이유가 없었다.

과학사학자 김영식은 지전설과 관련한 침묵에는 지전설을 중국에 소개한 예수회의 입장도 관련이 있었을 것이라고 본다. 지전설이 중국에 전해진 때는 가톨릭 교단이 지전설 언급을 금지했던 시기와 일치한다. 예수회가 지전설을 강하게 옹호하지 않으니 강하게 반대할 이유도 없었던 것이다. 분명한 것은 예수회가 동아시아에 도착하고 동아시아 학자들 사이에서 지전에 관한 언급이 시작되었고, 오랜 시간이 지나지 않아 많은 학자가 지전설을 수용했다는 사실이다.

코페르니쿠스는 자연을 간결한 수학적 형태로 나타내는 것을 중시한 신플라톤주의의 영향을 받아 태양 중심 우주 체계를 제안했다. 코페르니쿠스는 1543년에 출판된 《천구의 회전에 관하여》에서 지구가 우주의 중심에 정지해 있고, 태양과 행성들은 지구를 중심으로 원운동을 한다는 아리스토텔레스−프톨레마이오 체계의 기본 가정을 버렸다. 대신 태양을 우주의 중심으로 이동시켰고, 지구에 자전과 공전 운동을 부여했다. 행성들은 공전 주기에 따라 태양을 중심으로 수성, 금성, 지구, 화성, 목성, 토성의 순으로 배열되었다.

코페르니쿠스 체계는 아리스토텔레스−프톨레마이오스 체계에 비해 천체들의 움직임을 별도의 가정 없이 간결하게 설명할 수 있었다. 먼저 행성의 역행 운동을 행성들의 공전 속도 차이만을 이용해 쉽게 나타냈고, 내행성의 최대 이각 문제도 우주 구조를 이용해서 설명했다. 코페르니쿠스는 지구를 행성으로 배치함으로써 약 2,000년 동안 이어져 내려오던 천상계와 지상계의 구분을 깨뜨렸다. 또한 연주 시차가 관측되지 않는다는 점을 바탕으로, 별들이 엄청나게 멀리 있으며, 우주의 크기가 무한대로 크다는 생각을 가능하게 했다.

이러한 혁명적인 모습들에도 불구하고 코페르니쿠스의 체계는 보수성도 보여 주었다. 코페르니쿠스는 천체들은 완벽한 등속 원운동을 한다는 아리스토텔레스의 생각을 이어받아 천체 운동을 원운동의 조합만으로 설명하고자 했기 때문에 별도의 가정들을 또 도입해야만 했다. 또한 천구 개념도 그대로 가지고 있었기 때문에 계절 변화를 설명하기 위해 제3의 회전 운동을 도입하기도 했다. 이처럼 코페르니쿠스의 체계는 혁명성과 보수성을 동시에 가지고 있었다. 코페르니쿠스는 스스로가 상상할 수 있었던 것 이상으로 과학을 혁명적으로 변화시켰지만, 자신은 여전히 고대의 전통에 한 발을 담그고 있었던 것이다.

Chapter 3 천문학 혁명,
150년 동안 진행되다

태양 중심 우주 체계의 수용

나는 예전에 천상계를 관측하곤 했지만, 지금은 지구의 그림자를 관측한다.
내 마음이 천상계에 속해 있을 때에도, 내 몸의 그림자는 여기 누워 있었다.
- 요하네스 케플러 -

근대 과학의 여러 면모는 16~17세기의 과학 혁명을 거치면서 탄생했다. 과학 혁명의 중심에는 천문학 혁명이라는 우주관의 변화가 있었다. 코페르니쿠스가 태양을 우주의 중심으로 옮기고 지구에 공전과 자전 운동을 부여하자 수학적으로 더 정확하고 단순한 우주 체계가 만들어졌다. 수학적 단순성과 심미성을 중시하던 신플라톤주의자들에게 코페르니쿠스 체계는 상당히 매력적이었다.

코페르니쿠스의《천구의 회전에 관하여》가 처음부터 큰 인기를 얻었던 것은 아니었다. 오히려 16~17세기에는 태양은 지구를 돌고, 행성들은 태양을 도는 튀코 체계가 더 인기 있었다. 지구의 운동을 믿지 못하던 천문학자들에게 튀코 체계는 매력적인 대안이었다. 사실 튀코 체계는 지구의 부동성을 제외하면 코페르니쿠스 체계를 뒷받침하는 것처럼 보였다. 튀코 또한 코페르니쿠스 체계의 합리성을 무시할 수는 없었던 것이다.

천문학 혁명은 약 150년에 걸쳐서 진행되었다. 혁명이라고 일컫기에는 지나치게 오랜 시간일지도 모른다. 새로운 우주 이론이 수용되는 데 오랜 시간이 걸렸다는 것은 그만큼 많은 학자들의 노력이 이어졌음을 의미한다. 코페르니쿠스 다음 세대에는 튀코가 있었다. 튀코의 관측 자료를 전해 받은 케플러는 관측과 이론이 일치하는 우주 체계를 완성했다. 이어서 뉴턴이 케플러의 이론을 증명함으로써 코페르니쿠스 체계는 마침내 널리 인정받았다.

튀코 브라헤, 막대한 천문 관측 자료를 남기다

과학사에서는 과학 이론이 어떠한 과정을 거쳐 탄생했고, 어떠한 과정을 거쳐 과학 지식으로 인정되었는지를 중점적으로 연구한다. 과학 이론의 탄생에 관찰은 매우 중요한 역할을 하지만, 과학의 역사를 돌아보면 관찰 자체가 주목을 받은 경우는 많지 않다. 과학자들은 많은 관찰 데이터를 모은 다음, 관찰한 내용을 설명할 수 있는 지식 체계를 만들고, 그 지식 체계를 여러 현상에 적용해 보는 과정을 거쳐 이론을 만들어 낸다.

어떤 과학 분야에서도 그렇지만 특히나 천문학 분야에서는 관측이 매우 중요하다. 천문학자와 자연철학자는 먼 옛날부터 고개를 들어 하늘을 관찰했고, 자신들의 관찰 결과에 부합하는 우주 체계를 만들어 내기 위해 노력했다.

과학의 역사를 통틀어 관측으로 가장 유명한 천문학자는 누구일까? 그건 아마도 덴마크 출신의 천문학자 튀코 브라헤(Tycho Brahe, 1546~1601)일 것이다. 튀코는 망원경이 발명되기 전, 육안으로만 천문을 관측해야 했던 시기에 관측 천문학의 대가였다. 그는 평생 규칙적으로 하늘을 관찰해 역사상 가장 정확하고 막대한 관측 자료를 남겼다. 튀코의 자료들은 1′(1분, 1°의 1/60) 이내의 정확성을 보였는데, 이것은 육안 관측으로 얻을 수 있는 최고의 자료였다.

15세기에 시작된 대항해 시대를 거치면서 유럽인들은 고대의 지식에 의존하는 태도에서 벗어나 새로운 지식을 만들어 내기 시작했다. 튀코의 관측 자료 역시 새로운 천문학 지식 탄생에 큰 영향을 미쳤다. 그가 남긴 관측 자료의 일부는 아리스토텔레스 체계를 부정하는 데 이용되었고, 또

● **튀코 브라헤** 튀코가 남긴 막대한 관측 자료들은 케플러가 태양 중심 우주 체계를 수학적으로 증명하는 데 이용되었다.

일부는 코페르니쿠스 체계가 옳다는 것을 입증하는 데 이용되었다. 비록 튀코 자신은 코페르니쿠스 체계를 인정하지 않았지만, 그가 남긴 관측 자료는 코페르니쿠스의 태양 중심 우주 체계가 새로운 지식으로 확립되는 데 공헌했다.

튀코 브라헤는 오늘날에는 스웨덴, 당시에는 덴마크에 속했던 크누스트로프성에서 태어났다. 코페르니쿠스가 죽고 3년이 지난 해였다. 그의 세례명은 친할아버지의 이름을 딴 티지(Tyge)였으나, 이후에 라틴어 이름인 튀코로 개명했다. 튀코의 집안은 덴마크의 귀족이었는데, 왕족 다음으로 신분이 높은 가문이었다.

튀코는 매우 지적인 환경에서 성장했다. 어렸을 때부터 수학에 관심을 보였던 튀코는 12살이 되던 해에 집을 멀리 떠나 코펜하겐 대학교에 다니기 시작했다. 당시에 코펜하겐 대학교에서는 성경을 이해하기 위해서 라틴어, 그리스어, 히브리어를 가르쳤고, 학생들은 권위 있는 설교를 위한 문학과 역사, 수사학과 변증법을 배워야 했다. 또한 신이 창조한 우주를 완벽하게 이해하라는 의미로 산술, 기하학, 천문학도 가르쳤다. 지적 호기심을 자극하는 이러한 분위기 속에서 천문학에 대한 튀코의 관심은 점점 커졌다. 특히 1560년 8월 21일에 일어난 개기 일식은 그가 천문학에 관심을 가지는 데 중요한 계기가 되었다.

튀코가 대학교에 다닐 무렵, 유럽 학자들은 여전히 프톨레마이오스의 우주 체계를 받아들이고 있었다. 튀코는 16살 때부터 천문 관측 일기를 작성하기 시작했는데, 그 과정에서 프톨레마이오스와 코페르니쿠스의 천문표가 정확하지 않다는 것을 알아냈다. 시간이 지나면서 점점 더 천문학에 빠져든 튀코는, 개선된 천문표를 만들 주인공이 되고 싶다는 열망을 품게 되었다.

1556년 튀코의 외모에 매우 중대한 변화가 생겼다. 코가 잘린 것이다. 튀코는 그의 친척과 언쟁 끝에 결투를 벌였고 코를 잃었다. 그 뒤로 쭉 그는 황동으로 만든 가짜 코를 붙이고 살아야 했다. 이 사건을 계기로 튀코는 연금술에도 큰 관심을 두게 되었다.

튀코는 9년 동안 유럽 이곳저곳을 여행하고 여러 대학교를 돌아다니면서 자기 삶의 방향을 정했다. 그는 귀족의 지위가 주는 특권을 누리며 사는 대신에 학자의 길을 걷겠다고 결심했다. 그 당시 귀족은 대학교수가 될 수 없었다.

천문학의 길을 걷기로 결정하고 나서 튀코가 처음으로 한 일은 관측 장비 정비였다. 튀코는 끊임없는 관찰과 정확한 관측, 그리고 그에 바탕을 두고 만들어진 이론만이 천문학을 발전시킬 것이라고 믿었다. 그는 가장 먼저 대형 사분의를 만들었다. 높이가 5m에 달했던 이 사분의는 행성의

○ **튀코의 사분의** 튀코는 1572년에 행성 고도를 측정할 수 있는 사분의를 만들었다.

고도를 정확하게 측정하기 위한 장치였다. 덴마크 왕실과 외삼촌의 도움으로 연구소를 정비한 튀코는 두 별 사이의 각도를 잴 수 있는 육분의도 제작했다. 직경이 12m에 이르는 육분의는 별의 위치를 정확하게 측정할 수 있도록 해 주었다.

1572년, 26번째 생일을 앞두고 있던 튀코는 자신에게 불멸의 명예를 안겨 줄 첫 천문학적 발견을 했다. 11월 11일 저녁, 집으로 돌아가던 튀코는 카시오페이아자리에 그때까지 보지 못했던 새로운 별이 있는 것을 보았다. 원래 카시오페이아자리는 5개의 별로 이루어져 있는데, 또 다른 별이 나타난 것이다. 새로이 보이는 별은 주위의 어떤 별보다도 빛났다. 심지어 금성보다도 밝았다. 경이로운 발견이었다.

튀코는 새로운 별이 혜성일까 생각해 보았다. 하지만 혜성은 아니었다.

○ 헤레바드 수도원 튀코는 연금술 실험실이 있던 이곳에서 신성을 발견했다.

혜성이라면 꼬리가 있어야 하는데, 이 별에는 꼬리가 없었다. 또 혜성이라면 별들 사이로 움직여야 했지만 이 별은 18개월 동안 제자리에 가만히 있다가 사라졌다.

무엇보다도 새로운 별에서는 시차를 관측할 수가 없었다. 관측 대상이 멀리 있을수록 시차는 작아진다. 어떤 천체가 달보다 가까이 있으면 그 천체의 시차는 달의 시차보다 클 것이고, 달보다 멀리 있으면 시차는 달보다 작을 것이다. 튀코는 새로 관찰된 별의 시차가 달라지지 않는다는 것을 근거로 그 별이 달보다도 더 멀리 있다는 결론을 내렸다. 튀코는 혜성은 아니면서 달보다도 멀리에서 밝게 빛나는 이 별에 신성(新星, Nova Stella)이라는 이름을 붙였다.

신성은 사실 새로 생겨난 별은 아니다. 백색 왜성이라고 불리는 밀도가

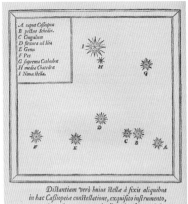

○ **튀코의 신성 기록** 1572년 튀코가 관찰한 신성의 모습이다. 'I'로 표시된 별이 신성이다.

높은 별이 주위의 수소를 끌어들이면, 핵융합 반응으로 폭발이 일어나면서 밝아진다. 이를 신성이라고 부른 것이다. 별빛이 가장 밝은 기간이 지나면 백색 왜성은 어두워진다. 오늘날 천문학자들은 튀코가 발견한 신성은 생애 마지막 단계에 이른 별이 강하게 폭발하면서 밝게 빛났던 초신성이었다고 생각하고 있다.

튀코는 자신이 만든 육분의를 이용해 1년 동안 신성을 관측했고, 그 결과를 담은 《신성에 관하여》를 다음 해인 1573년에 출판했다. 그는 이 책에 귀족으로서의 편안한 삶보다는 천문학을 연구해 학문을 발전시키는 일이 더 중요하고 의미 있으며, 이는 천문학을 담당하는 그리스 신화의 여신인 우라니아가 자신에게 준 임무라고 적었다. 이 책으로 튀코는 천문학계의 권위자가 되었다.

신성 관측은 천문학적으로도 중요한 발견이었지만, 이 발견의 진정한

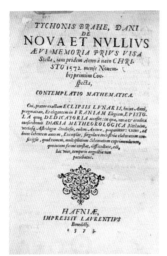

● 《신성에 관하여》 1573년에 출판된 튀코의 저서이다.
신성 관측 결과를 상세하게 담고 있다.

철학적 의미는 다른 곳에 있었다. 새로운 지식을 정립할 때는 옛 지식을
대체할 대안 지식을 만들어 내는 것만큼이나 옛 지식이 틀렸다는 것을 보
여 주는 것도 중요하다. 천상계에는 변화와 생성, 소멸이 없다는 아리스토
텔레스의 우주관은 당시까지도 수용되고 있었다. 하지만 튀코의 신성 발
견은 천상계도 변한다는 것을 보여 주었다. 천상계의 변화에 대한 튀코의
발견은 아리스토텔레스의 지식 체계가 틀렸을 가능성을 보여 줌으로써 코
페르니쿠스 체계가 수용되는 데 중요한 역할을 했다.

　1576년, 튀코가 29살이 되었을 때, 덴마크 국왕 프레데릭 2세는 튀코에
게 아주 매력적인 제안을 했다. 벤이라는 작은 섬을 튀코에게 영지로 하사
할 테니 그곳에 연구 시설을 지어 천문 연구를 하라고 한 것이다. 막대한
규모의 후원이었다. 덴마크와 스웨덴 사이에 있는 벤섬은 마을 주민 대부
분이 농사를 짓는 평화로운 섬이었다. 튀코의 천문학 발견을 점성술에 이

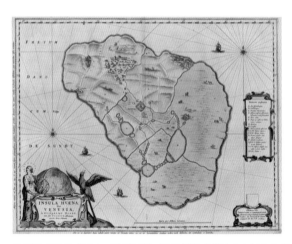

○ **벤섬** 튀코의 제자가 그린 벤섬의 지도로 중앙에 천문대가 있었다. 현재는 스웨덴의 영토이다.

용하고자 했던 국왕은 튀코에게 평생 섬을 소유하고 천문학을 연구할 권한을 하사했다.

튀코는 섬의 중앙에 천문대를 건설했다. 천문대는 기하학적 대칭성을 최대한 강조하는 양식으로 지어졌다. 또한 건물과 방은 음악적으로 조화로운 비율로 설계되었고 지하에는 연금술 실험실도 있었다. 튀코는 자신의 천문대를 천문학의 여신인 우라니아의 이름을 따, '우라니아의 성' 혹은 '하늘의 성'이라는 의미로 우라니보르(Uraniborg)라고 이름 붙였다.

우라니보르 천문대가 다 완성되기도 전인 1577년, 튀코는 또 한 번의 역사적인 관측을 한다. 바로 혜성이었다. 11월 13일 수요일 초저녁이었다. 그 시간에 볼 수 있는 행성은 토성밖에 없었는데, 튀코의 눈에 이상하게도 토성이 흐릿해 보였다. 튀코는 끈질기게 토성을 관찰했다. 날이 점점 어두워지자 토성의 꼬리가 길어지기 시작했다. 튀코가 보았던 것은 토성이 아

○ **우라니보르 천문대** 벤섬 중앙에 있었던 천문대로 튀코 사후에 파괴되었다.

니라 토성처럼 푸르스름한 흰색을 띤 혜성이었다. 튀코가 혜성을 관측하고 있을 무렵, 신성 로마 제국(오늘날의 독일, 오스트리아, 체코 등을 아우르는 국가)의 도시 레온베르크에서 막 5살이 된 케플러도 어머니의 손을 잡고 혜성을 보고 있었다.

튀코는 면밀하고 끈질긴 관찰을 통해 혜성이 달보다도 멀리 있으며, 태양 주위를 공전한다는 사실을 알아냈다. 고대 그리스의 아리스토텔레스도 혜성을 관측한 적이 있었다. 하지만 천상계의 영원불멸성을 믿었던 아리스토텔레스는 혜성 관측 기록을 《기상학》이라는 책에 적어 놓았다. 혜성이 달 아래에서 일어나는 기상 현상이라고 생각했기 때문이다.

튀코의 혜성 관측 결과는 천구의 존재에 의문을 제기하게끔 했다. 만약 각 행성이 투명한 천구에 박혀 있다면 혜성이 천구를 뚫고 행성 사이를 지나다닐 수는 없을 테니 말이다. 혜성 관측을 통해 튀코는 아리스토텔레스

○ **1577년 혜성** 프라하에서 관찰된 1577년의 혜성을 묘사한 삽화이다. 하늘에는 황도대의 상징들이 그려져 있다.

의 우주관이 틀렸음을 다시 한번 보여 주었다.

튀코는 당대 최고의 관측기구를 이용해 어느 누구보다도 정밀한 관측을 할 수 있었다. 특히 그는 화성의 시차를 알아내기 위해 많은 시간을 들여 막대한 화성 관측 자료를 남겼다. 이는 그의 사후에 케플러에게 전해졌다.

우라니보르 천문대에서 제작된 튀코의 장비들은 날이 갈수록 정교해졌다. 튀코는 육분의, 사분의, 대형 천구의 등을 제작하도록 했고, 자신의 장비들을 자랑스러워했다. 대형 관측기구가 늘어나자 그는 우라니보르 천문대 옆에 또 하나의 천문대인 스티에르네보르(별의 성)를 세우기도 했다. 관측이 계속될수록 지위와 부에 대한 튀코의 자만심도 커져만 갔고, 이는 얼마 뒤에 그의 삶을 뒤흔들어 놓았다.

● **우라니보르 천문대** 1587년경의 우라니보르 천문대 풍경을 그린 그림이다. 육분의, 사분의, 천구의 등이 있는 관측소가 제일 위에 있고, 아래쪽에는 대형 지구본이 놓인 도서관이 있다. 도서관 아래의 연금술 실험실에는 화로가 놓여 있다. 사분의 곡면 안쪽에 앉아 창문을 가리키는 사람이 튀코이다.

튀코가 태양은 지구를, 행성들은 태양을 도는 체계를 만들다

튀코는 1584년 마침내 튀코 체계라고 불리는 새로운 우주 체계를 창안했다. 튀코 체계에서 우주의 중심에는 지구가 있다. 태양과 달은 지구를 중심으로 공전한다. 하지만 수성, 금성, 화성, 목성, 토성은 태양을 중심으로 공전한다. 튀코 체계에서는 이처럼 태양과 지구 둘 다 공전 중심 역할을 한다.

튀코 체계는 어떤 면에서는 아리스토텔레스나 프톨레마이오스, 심지어 코페르니쿠스 체계를 뛰어넘었다. 튀코 체계에서는 화성의 공전 궤도와 태양의 공전 궤도가 서로 교차한다. 고대부터 이어져 온 천구 개념에 의하면 천구들은 서로 교차할 수 없다. 코페르니쿠스가 천구 개념을 고수하면서 지구의 계절 변화를 설명하기 위해 제3의 운동을 도입했다면, 튀코는 천구 개념을 완전히 폐기해 버렸다. 또 튀코는 혜성이 태양 주위를 공전할 때 속도가 불규칙하게 변한다고 주장함으로써 천상계의 운동은 규칙적이라는 믿음도 깨어 버렸다. 심지어 튀코는 행성들의 공전 궤도가 원 궤도가 아니라 달걀 모양이라고 생각하기도 했다.

그러나 이러한 점들을 제외하면 튀코 체계는 코페르니쿠스 체계를 수용하는 시대적 흐름에 완전히 역행했던 것처럼 보인다. 튀코가 코페르니쿠스를 무시했던 것은 아니었다. 튀코는 코페르니쿠스에게 깊은 존경심을 품고 있었다. 튀코는 수학적 단순성과 조화로움을 강조한 코페르니쿠스의 태양 중심 우주 체계가 프톨레마이오스의 지구 중심 우주 체계보다 우주에 대한 더 깊은 통찰을 드러낸다고 믿었다.

그럼에도 튀코는 지구가 움직인다는 사실을 인정할 수가 없었다. 문제

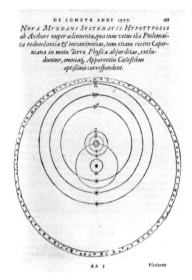

DE COMETA ANNI 1577. 189

NOVA MVNDANI SYSTEMATIS HYPOTYPOSIS ab Authore nuper adinventa, qua tum vetus illa Ptolemaica redundantia & inconcinnitas, tum etiam recens Coperniana in motu Terræ Physica absurditas, excluduntur, omniaq; Apparentiis Cælestibus aptissime correspondent.

AA 3   Pleniorem

❂ **튀코 체계** 1588년에 출간된 《최근 에테르계에서 일어난 새로운 현상》에 소개된 튀코의 우주 체계이다. 태양과 달은 지구를 중심으로 공전하지만 다른 행성들은 태양 주위를 돈다.

는 시차였다. 지구가 태양 주위를 공전한다면 지구의 위치 변화에 따라 별의 위치가 다르게 보여야 했다. 그러나 별들의 시차는 관측되지 않았다. 코페르니쿠스 체계를 입증할 유일한 증거가 연주 시차라고 생각하던 튀코에게 시차가 관측되지 않는다는 사실은 지구가 정지해 있음을 의미했다. 실제로 연주 시차는 매우 작기 때문에 육안으로 관찰할 수가 없다. 19세기에 들어서야 별의 연주 시차를 처음으로 관측할 수 있었다는 점을 생각해 보면 튀코의 추론도 무리는 아니었다.

지구가 움직이지 않는다는 점을 제외하고 수학적으로만 보면 튀코 체계는 코페르니쿠스 체계와 동일하다. 튀코 체계에서의 행성의 배열 순서와 행성 사이의 거리는 코페르니쿠스 체계와 같다. 튀코 체계에서 태양을 고정시켜 놓기만 한다면 그것은 그대로 코페르니쿠스 체계가 된다. 튀코 체계는 코페르니쿠스 체계가 가진 수학적 조화로움을 전혀 손상시키지 않았다. 이는 코페르니쿠스 체계에서 설명할 수 있었던 많은 천문 현상들을 튀코 체계에서도 설명할 수 있었음을 의미한다.

이처럼 튀코는 코페르니쿠스 체계가 가진 수학적 장점과 프톨레마이오스 체계가 가진 부동의 지구 개념을 버무려 자신만의 우주 체계를 고안했다. 튀코 체계는 역학적인 문제와 종교적인 문제를 유발하지 않으면서도 코페르니쿠스 체계의 수학적 장점들을 유지했다.

튀코 체계에 대한 당대의 반응은 어땠을까? 튀코의 우주 체계는 지구가 움직인다는 개념에 반감을 느끼던 기독교인들의 환영을 받았다. 특히 가톨릭 수도회인 예수회 소속 학자들이 튀코 체계를 환영했다.

1651년에 예수회 선교사이자 천문학자였던 조반니 바티스타 리치올리(Giovanni Battista Riccioli, 1598~1671)가 출판한 《새로운 알마게스트》의 삽화로 당시의 분위기를 알아볼 수 있다. 이 그림에서 천문학의 여신인 우라니아는 두 우주 체계를 놓고 저울질을 하고 있다. 하나는 코페르니쿠스 체계이고 다른 하나는 튀코 체계이다. 이들의 발아래에는 이미 폐기된 아리스토텔레스-프톨레마이오스 체계가 굴러다닌다. 저울은 튀코 체계 쪽으로 기울어 있다. 이 그림은 튀코 체계가 예수회 소속의 많은 천문학자들의 지지를 받았음을 보여 준다.

대항해 시대에 새로운 항로가 개척되자 예수회는 기독교 미개척 지역에 가톨릭을 퍼트리고자 해외 선교 활동에 적극적으로 나섰다. 예수회는 특히 청나라와 아메리카 대륙 등 개신교가 퍼지지 않은 지역을 주요 선교 대상으로 삼았다. 중국에 파견된 예수회 소속 학자들은 스스로 한자와 중

◎ 《새로운 알마게스트》의 삽화 천문학의 여신 우라니아가 코페르니쿠스 체계와 튀코 체계를 저울질하고 있다.

국어를 배운 다음, 중국 조정에 고용되어 유럽의 과학과 기술을 전파했다. 이 선교사들이 중국에 알렸던 우주 체계가 바로 튀코 체계였다.

청나라에 파견된 선교사들이 쓴 천문학 서적들은 이를 접한 조선의 유학자들에게도 영향을 미쳤다. 그 예로 조선 후기의 유학자인 김석문(金錫文, 1658~1735)을 들 수 있다. 김석문은 튀코 체계에 자신만의 지전설을 더해 독특한 우주 체계를 고안해 내기도 했다. 그의 우주 체계는 기본적으로는 튀코 체계를 따랐지만, 지구에 움직임을 부여했다는 점에서 차이가 있었다.

튀코는 누구나 인정하는 당대 최고의 천문학자였다. 하지만 1596년 자신을 전폭적으로 후원하던 프레데릭 2세가 죽고 뒤이어 크리스티안 4세가 왕이 되면서 그의 운명은 크게 달라진다. 새로 왕이 된 이후 왕권 강화에 초점을 맞추고 있던 크리스티안 4세의 눈에 튀코의 거만한 행동이 곱게 보일 리 없었다. 새 국왕은 귀족들의 영지 소유권을 조정하는 방식으로 왕권을 강화했고, 그 와중에 튀코는 정치적 위기와 재정적 위기를 동시에 맞았다. 1597년 튀코는 21년 동안 살았던 벤섬을 쫓겨나듯 떠나 망명길에 오르고 말았다.

천문 관측과 출판을 계속하면서 후원자를 물색하던 튀코에게, 1598년 마침내 신성 로마 제국의 황제 루돌프 2세가 후원하기로 했다는 소식이 전해졌다. 튀코는 가족들과 책, 관측 장비, 관측 자료들을 모두 싣고 프라하로 향했다.

약 2년 뒤, 프라하에서 튀코는 케플러와 처음으로 만났다. 요하네스 케플러(Johannes Kepler, 1571~1630)는 튀코의 조수가 되었다. 이들이 처음 만난 지 약 1년이 지난 1601년 10월, 튀코는 대법관 친구의 만찬에 갔다가 돌이킬 수 없는 길을 걷는다. 당시에는 주인이 먼저 떠나기 전에는 어떤 경우에든 자리에서 일어나지 않는 것이 예의였다. 튀코는 포도주를 너무 많이 마셔서 방광이 터질 지경이었지만, 화장실에 가지 못하고 계속 앉아 있었다. 그러다 결국 소변을 보지 못하는 병에 걸린 튀코는 고통과 정신 착란 속에서 며칠 만에 죽음을 맞이했다.

튀코는 죽어 가면서 가족과 케플러에게 자신의 삶을 헛되게 하지 말라는 말을 반복했다고 한다. 55년의 생애 중 무려 38년의 세월 동안 천체를 관측했고, 출판한 책만 20권에 달했던 위대한 천문학자 튀코 브라헤의 삶은 그렇게 끝났다.

케플러, 신이 설계한 우주를 엿보려 하다

코페르니쿠스는《천구의 회전에 관하여》를 통해 새로운 우주 체계를 제안함으로써 근대천문학의 포문을 열었고, 튀코 브라헤는 방대하고 정확한 관측 자료를 바탕으로 자신만의 독창적인 우주 체계를 고안해 냈다. 이들의 우주 체계는 많은 천문학적 난제들을 해결했다.

하지만 근대 천문학이 완성되기 위해서는 여전히 많은 여정이 남아 있었다. 오늘날 우리는 태양계의 행성들이 태양을 하나의 초점으로 하는 타원 궤도를 공전한다는 사실을 알고 있다. 또, 행성과 태양의 거리에 따라 공전 속도가 달라지는 현상도 면적 속도 일정의 법칙과 보편 중력의 법칙을 이용해 설명할 수 있다. 하지만 미분법과 적분법이 발달하지 않았던 16~17세기에는 이 문제들을 쉽게 해결할 수 없었다. 과학 혁명 시기 천문학자들은 여러 해에 걸친 치열한 계산 끝에 천문 법칙들을 하나하나 밝혀 냈다. 케플러도 그런 천문학자 중 하나였다.

독일 수학자이자 천문학자 케플러는 튀코가 25살이 되던 해인 1571년, 황제 루돌프 2세가 다스리던 신성 로마 제국의 소도시 바일 데어 슈타트에서 태어났다. 그는 영국 극작가 윌리엄 셰익스피어, 이탈리아의 자연철학자이자 수학자인 갈릴레오 갈릴레이와 동시대에 살았다.

케플러는 작고 미숙한 아이였다. 원래 케플러의 집안은 황제의 군인으로 봉사하던 귀족 가문이었지만, 점차 가세가 기울어서 케플러가 태어날 때쯤에는 장인 계급이 되어 있었다. 성미가 급하고 난폭했던 케플러의 아버지는 각종 전투에 용병으로 참가하느라 거의 집을 비웠다. 그 때문에 케플러는 주로 어머니의 손에서 자랐다.

◐ 요하네스 케플러 튀코의 자료를 바탕으로 행성의 운동 법
칙을 밝혀냈다.

　케플러가 태어나기 약 50년 전인 1517년, 독일의 종교 개혁가이자 신학
교수였던 마르틴 루터(Martin Luther, 1483~1546)는 로마 가톨릭의 면죄부
판매를 비판하면서 항의 논제 95개를 내세웠다. 종교 개혁의 시작을 알리
는 사건이었다. 유럽은 로마 가톨릭인 구교를 따르는 지역과 루터의 신교
를 따르는 지역으로 나뉘었다. 아직 통일된 국가를 이루지 못하고 있던 독
일은 구교와 신교 모두를 인정했고, 케플러가 살던 도시 바일 데어 슈타트
역시 마찬가지였다. 케플러는 개신교인 루터교의 일원으로 자라났다.

　덴마크의 젊은 귀족이었던 튀코가 1577년 벤섬에서 혜성을 관찰해 유
명세를 떨치고 있을 때, 막 5살이 된 케플러는 학교에 다니기 시작했다. 대
학 진학을 목표로 했던 케플러는 아델베르크 중등신학교를 거쳐 마울브
론 고등신학교에 진학했다. 명석한 케플러는 다방면에 호기심을 보였고,
순발력이 넘쳤으며, 놀라울 정도로 승부욕이 강했다고 한다.

　학창 시절 내내 케플러는 종교에 일관된 관심을 보였다. 케플러는 매우
신앙심이 깊었다. 1588년 케플러는 루터교 계열이던 튀빙겐 대학교의 학

위 시험에 합격했다. 케플러는 2년의 공부 후 석사 학위를 받고, 신학부에서 3년간의 고급 신학 과정을 공부하고 나면 신학자가 되어 교회를 위해 일할 생각이었다.

대학교에 다닐 때 케플러의 관심사는 수학(천문학)과 신학이었다. 케플러에게 수학과 신학을 가르친 사람은 천문학자이자 수학자였던 미하엘 매스틀린(Michael Mastlin, 1550~1631)이었다. 매스틀린은 1577년의 혜성을 관찰해 궤도를 계산했고, 혜성이 달보다 더 멀리 떨어진 곳에서 태양을 중심으로 궤도를 그리면서 운동한다는 사실을 알아냈다. 그가 계산한 혜성의 궤도는 튀코가 계산했던 값과 거의 같았다. 매스틀린은 이것이 코페르니쿠스의 태양 중심설을 지지하는 증거라고 생각했다. 케플러는 스승 매스틀린에게서 코페르니쿠스의 태양 중심 우주 체계를 배웠다.

케플러는 코페르니쿠스 체계에 종교적인 관점으로 접근했다. 그는 우주에서 가장 빛나는 존재인 태양은 창조주를 뜻한다고 믿었다. 따라서 태양은 우주의 중심에서 다른 행성들에게 빛을 뿌리고 행성들이 운동할 수 있도록 활력을 주는 존재여야만 했다. 태양을 중시하는 코페르니쿠스 체계는 케플러의 종교관과 상당히 부합했고, 그의 신플라톤주의 철학적 사고와도 맞았다. 그래서 그는 코페르니쿠스 체계를 전폭적으로 수용했다.

케플러는 자신이 원하던 신학 공부를 마치지 못한 채 1594년 오스트리아의 그라츠에 있는 개신교 신학교의 수학 교사이자 지역 수학자로 가게 된다. 그라츠에서 케플러는 지역 수학자로서 천문력(天文曆)과 점성력(占星曆)을 편찬하는 일을 맡았다. 케플러가 만든 점성력은 상당히 정확했고 인기도 있어서 케플러에게는 쏠쏠한 수입원이 되어 주었다.

당시 수학자와 자연철학자는 확연히 다른 대접을 받고 있었다. 여전히 수학과 자연철학은 분리되어 있었고, 천문학은 수학에 속한 학문이었다. 수학자의 사회적 지위는 자연철학자보다 한 단계 낮았다. 케플러가 수학 교사 자리를 처음 제안받았을 때 망설였던 것도 수학자의 낮은 지위 때문이었다. 하지만 수학자와 자연철학자의 지위 차이는 점차 줄어들고 있었고, 케플러는 수학을 자연철학 수준으로 끌어올리기로 결심했다.

케플러의 천문학 연구는 코페르니쿠스 체계를 검토하는 것으로부터 시작되었다. 수학적인 조화를 중시한 코페르니쿠스 체계에서는 태양과 각 행성 사이의 거리가 일정했다. 예를 들어 태양과 지구 사이의 거리가 1이라면, 태양에서 수성까지의 거리는 1/3, 금성까지의 거리는 2/3, 화성까지의 거리는 1.5, 목성까지의 거리는 5, 토성까지의 거리는 10이 되었다. 우주는 수학적으로 완벽하게 균형이 잡혀 있었다. 그런데 왜 태양과 행성들 사이의 거리가 이와 같은 수학적 균형을 유지하는 것일까?

1595년의 어느 날, 학생들에게 화성과 목성이 겹쳐 보이는 현상을 가르치던 케플러는 두 행성의 궤도 사이에 정삼각형을 내접시킬 수 있다는 것을 알아냈다. 케플러는 마치 벼락을 맞은 듯, 우주의 수학적 비밀을 푸는 데 이 발견을 이용할 수 있을지도 모르겠다는 생각을 떠올렸다.

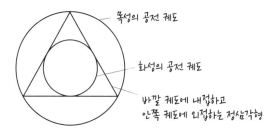

목성의 공전 궤도

화성의 공전 궤도

바깥 궤도에 내접하고
안쪽 궤도에 외접하는 정삼각형

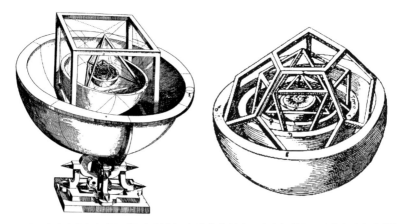

❖ **케플러의 정다면체 이론** 케플러의 《우주의 신비》에 실린 그림이다. 왼쪽 그림에서 가장 바깥쪽 구는 토성의 공전 궤도이다. 안쪽에 내접하는 정육면체를 그리고 정육면체에 내접하는 구를 그리면 목성의 공전 궤도가 나온다. 오른쪽 그림은 왼쪽 그림의 안쪽을 확대한 것이다.

　당시까지 알려져 있던 정다면체는 정사면체, 정육면체, 정팔면체, 정십이면체, 정이십면체로 총 5개였다. 그리고 당시 알려진 행성은 수성, 금성, 지구, 화성, 목성, 토성 6개였다. 케플러는 다면체와 행성 궤도를 결합하기 시작했다.

　케플러의 설명에 의하면, 지구의 궤도에 외접하는 정십이면체를 그린 다음, 이 정십이면체에 외접하는 구를 그리면 그 구는 화성의 공전 궤도가 된다. 이 화성의 공전 궤도에 외접하는 정사면체를 그리고, 이 정사면체에 외접하는 구를 그리면 이는 목성의 궤도가 된다. 목성의 궤도에 정육면체를 외접시킨 다음 다시 정육면체에 외접하는 구를 그리면 이 구는 토성의 공전 궤도가 된다. 같은 방법으로 지구의 궤도에서 순서대로 정이십면체, 정팔면체를 내접시켜 나가면 각각 금성의 궤도와 수성의 궤도를 그릴 수 있다.

케플러는 행성 궤도에 관한 다면체 가설을 통해 자신이 코페르니쿠스 체계의 물리적 실재성을 보였을 뿐만 아니라 우주를 설계한 신의 뜻도 알아냈다고 믿었다. 신이 우주를 창조한 기하학적 원리를 자신이 발견했다고 생각했기 때문이다. 케플러는 우주의 근본 원리를 고찰하는 자연철학의 영역에 발을 들여놓고 있었다.

케플러는 25살이던 1596년에 자신의 발견을 짧은 책에 담아 출판했다. 이 책은《우주의 신비》라는 제목으로 유명하지만 원래는《5개의 기하학적 입체로 증명된 천구의 놀라운 비례, 수, 크기, 천체의 주기 운동의 진실, 그리고 특별한 원인에 관한 우주의 신비를 담은 우주론 입문》라는 이름이 붙어 있었다.

케플러는 자신의 첫 번째 출판물을 유럽의 여러 학자들에게 보내 그들의 의견을 물었다. 그중에서 2권이 당시에 파도바 대학교에서 수학을 가르치던 한 수학 교수의 손에 우연히 들어갔다. 그 교수가 바로 갈릴레오 갈릴레이였다. 갈릴레오는 케플러에게 자신도 코페르니쿠스 체계를 지지하지만 아직은 자기 생각을 공개적으로 드러내지 않았다는 편지를 보냈다. 케플러는 갈릴레오에게 자신감을 가지고 생각을 드러내라고 격려하는 답장을 보냈다.

오스트리아에 새로운 대공으로 페르디난트 2세가 집권하면서 케플러가 살던 도시에서는 개신교도에 대한 탄압이 진행되었다. 케플러가 자신의 종교적 신념 때문에 곤란을 겪고 있는 사이에, 튀코는 신성 로마 제국의 황제인 루돌프 2세가 머물던 도시 프라하에서 제국 수학자 지위에 올랐다.

튀코와 케플러는 1600년에 프라하에서 처음으로 만났다. 튀코의 초청으로 둘이 만났을 때 튀코는 53세, 케플러는 28세였다. 훗날 케플러는 이 만남이 신이 계획한 운명이었다고 회고했다. 튀코는 화성 관측 자료를 바탕으로 만든 자신의 우주 체계가 옳다는 것을 케플러가 증명해 주기를 바랐다. 반면 코페르니쿠스의 관측 자료가 부정확해 다면체 가설을 입증할 모형을 만들 수 없다고 생각하던 케플러는 튀코의 자료를 이용해 자신의 다면체 가설을 증명하고 싶어 했다. 케플러에게는 방대하고 정확한 튀코의 관측 자료가 절실했다.

케플러가 화성과의 전투 끝에 공전 궤도를 알아내다

자신의 조수가 된 케플러에게 튀코가 맡긴 첫 임무는 화성의 공전 궤도 계산이었다. 화성은 다른 행성에 비해 겉보기 운동이 매우 불규칙해 원 궤도 모형으로 설명하기가 어려웠다. 이는 화성의 공전 궤도가 태양계의 행성들 중 가장 많이 찌그러져 있기 때문이다.

케플러는 우주의 비밀을 풀 열쇠가 화성에 있다고 생각했다. 그는 튀코의 관측 자료를 분석해서 화성의 공전 궤도 중심이 지구가 아니라 태양이라는 사실을 알아냈다. 또한 지구도 화성처럼 태양과 가까워지면 공전 속도가 빨라지고 태양에서 멀어지면 공전 속도가 느려진다는 점을 밝혀냈다.

하지만 두 사람이 만난 지 1년이 조금 지난 1601년 말, 튀코는 요독증이라는 병으로 갑자기 죽음을 맞이하고 말았다. 튀코가 사망한 지 이틀 만에

● **튀코와 케플러 동상** 튀코와 케플러가 만났던 프라하에는 두 사람의 동상이 있다.

케플러는 새로운 제국 수학자로 임명되었다. 케플러는 튀코의 천문 관측 자료를 이용해 행성 운행표를 만들고 튀코의 미완성 원고들을 완성하는 임무를 맡았다. 황제 루돌프 2세는 튀코의 가족에게서 튀코의 모든 관측 자료들을 구입해 케플러에게 넘겨주었다.

케플러는 튀코의 자료로도 자신의 다면체 가설을 입증할 수 없었다. 그래도 케플러는 화성 연구를 계속해 나갔다. 코페르니쿠스 체계가 실재하는 물리적 우주 체계라고 믿었던 그는 이를 증명함으로써 창조자의 영광을 드러낼 수 있을 것이라고 확신했다. 화성의 궤도 연구는 이를 가능하게 할 방법이었다.

왜 화성과 같은 행성은 태양 가까이에 있을 때 공전 속도가 빨라지고 태양에서 멀리 떨어지면 공전 속도가 느려지는 것일까? 그리고 그것을 수학적으로 나타낼 방법은 없는 것일까? 신플라톤주의자였던 케플러는 대칭과 조화를 바탕으로 한 물리학적 설명으로 해답을 얻을 수 있을 것이라고 생각했다.

헬레니즘 시대의 천문학자 프톨레마이오스는 행정들의 공전 속도가 일정하지 않은 현상을 설명하기 위해 이심 개념을 도입했다. 이심 개념에 의하면 행성은 지구를 중심으로 공전하지 않는다. 행성은 궤도 중앙의 공전 궤도 중심을 따라 완벽한 원 모양을 그리며 공전한다. 지구는 중심에서 벗어나 있다. 대신 행성들은 고정된 지점인 이심에서 보았을 때 일정한 시간 동안 일정한 각도만큼 이동한다. 따라서 행성이 지구와 멀리 있을 때는 상대적으로 천천히 움직이고, 지구와 가까이 있을 때는 상대적으로 빨리 움직이는 것처럼 보인다.(이심 설명에 대해서는 1장 참조)

케플러는 코페르니쿠스 체계를 받아들이고 있었다. 그는 프톨레마이오스 체계의 지구 자리에 태양을 배치해 보았다. 태양에서 행성까지의 거리는 시간에 따라 변화하고, 태양과의 거리에 따라 행성의 공전 속도도 달라진다. 이는 행성들이 태양과 가까이 있을 때는 더 빨리 움직이고 태양과 멀리 있을 때는 더 천천히 움직인다는 의미이다. 케플러는 행성을 움직이도록 하는 힘이 태양으로부터 나온다고 생각했다.

케플러는 일정 시간 동안 행성이 이동하는 속도를 계산하기 위해 고심하다가 결론을 내렸다. 행성이 태양 주위를 공전할 때 행성과 태양을 연결한 직선은 동일 시간 동안에 같은 면적을 이동한다는 것이었다. 즉, 행성의 공전 속도는 태양으로부터의 거리에 반비례한다. 이것이 바로 '행성 운동에 관한 케플러의 제2법칙' 혹은 '면적 속도 일정의 법칙'이라고 알려진 행성 운동 법칙이다. 제1법칙보다 제2법칙이 먼저 발견된 셈이다.

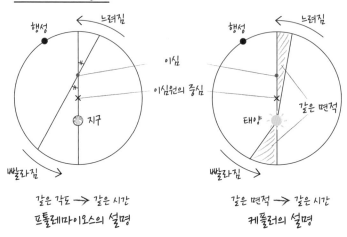

행성 속도 변화 설명

행성 ←느려짐   이심
        이심원의 중심
        지구

빨라짐→

같은 각도 → 같은 시간
프톨레마이오스의 설명

행성 ←느려짐
        같은 면적
태양

빨라짐→

같은 면적 → 같은 시간
케플러의 설명

프톨레마이오스는 이심을 기준으로 해 행성이 같은 시간을 움직일 때는 움직이는 각도가 같다고 했다. 이에 반해 케플러는 행성의 운동 속도 변화 기준을 면적으로 바꾸어 버렸다. 하지만 케플러는 여전히 이심 개념을 받아들이고 있었기 때문에 이후 이심 개념을 버리고 면적 속도 법칙을 수정하기 전까지는 두 개념을 혼용했다.

면적 속도 일정의 법칙을 발견하고 나서 케플러는 이 법칙을 이용해 화성의 궤도를 정확하게 알아내는 일에 착수했다. 그의 연구는 2가지 기본 가정에서 출발했다. 하나는 고대부터 믿어 왔던 대로 행성의 공전 궤도가 완벽한 원이라는 가정이었다. 다른 하나는 이심에서 보았을 때 화성이 일정한 시간 동안 일정한 각도를 움직인다는 가정, 즉 면적 속도가 일정하다는 가정이었다.

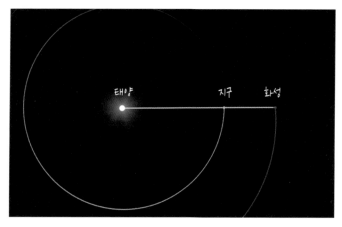

○ 화성의 충 충에 있을 때 화성의 위치이다. 태양–지구–화성이 일직선상에 놓인다.

화성 궤도 계산을 위한 케플러의 초기 가정
행성의 공전 궤도는 원
화성은 이심을 기준으로 일정한 시간 동안 일정한 각도를 움직임

케플러는 프톨레마이오스의 이심 개념을 이용한 화성 궤도 모델을 만든 다음, 이것을 튀코의 정확한 관측 자료로 만든 모델과 비교했다. 이 방법을 '대행 가설(vicarious hypothesis)'이라고 부른다.

튀코는 20년 동안 12번의 충(衝, opposition)을 관측했다. 충이란 2개의 천체가 정반대 방향에 놓이는 현상을 의미한다. 예를 들면 태양이 지는 것과 동시에 화성이 반대편에서 보이는 때가 화성의 충이다. 충일 때는 태양–지구–화성이 일직선상에 위치하기 때문에 화성의 위치를 쉽게 알아낼 수 있다. 케플러는 튀코가 관측한 12번의 충 중에서 4개를 선택했다. 1587년, 1591년, 1593년, 그리고 1595년 관찰 결과였다.

이심 개념에 의하면 화성은 이심을 중심으로 일정 시간 동안 일정 각도를 공전한다. 그렇기 때문에 화성의 공전 주기만 알면 충이 일어나는 시간에 화성이 이심을 기준으로 어느 위치에 있는지를 쉽게 계산할 수 있다. 이심을 중심으로 계산한 화성의 위치는 화성의 공전 주기를 시간으로 나눈 값이기 때문에 충이 일어나는 시간과 화성의 위치가 정확히 맞아떨어진다.

케플러는 이렇게 만든 화성 궤도 모델을 튀코의 관측 결과와 비교했다. 태양을 중심으로 화성의 위치를 관측한 튀코의 자료는 실제 관측 결과이니 당연히 정확하다. 따라서 이심을 기준으로 만든 화성 궤도 모델과 튀코의 관측 결과에서 화성의 위치는 같아야 한다. 케플러는 이 둘을 합쳐서 화성의 위치들이 서로 겹치도록 시도했다.

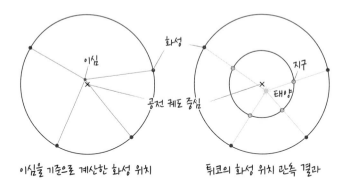

이심을 기준으로 계산한 화성 위치   튀코의 화성 위치 관측 결과

케플러는 70번 이상의 힘겨운 시도 끝에 이심 개념을 이용한 화성 궤도 모델과 실제 관측 결과를 완벽하게 겹칠 수 있었다. 그런데 그 결과는 예상과 달랐다. 이심과 태양이 공전 궤도 중심에서 같은 거리만큼 떨어져 있다는 프톨레마이오스의 이론과는 달리 이들은 서로 다른 간격으로 떨어

저 있었던 것이다. 케플러는 자신의 계산 결과를 튀코의 다른 관찰 자료들과 비교하고 자신이 얻어낸 결론이 옳다고 확신했다.

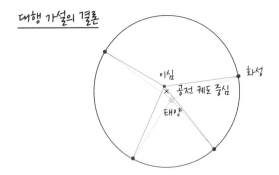

대행 가설의 결론

케플러는 여기에서 멈추지 않았다. 그는 완전히 다른 두 번째 방법을 이용해 화성의 공전 궤도 중심에서 태양까지의 거리를 다시 계산했다. 이번에 케플러가 이용한 방법은 화성의 위도를 이용하는 것이었다. 화성의 위도란 지표면에서 화성을 바라보았을 때 지표면과 화성이 이루는 각도를 의미한다. 화성의 공전 궤도는 지구의 공전 궤도면으로부터 최대 1.5° 정도 기울어 있다.

케플러는 삼각함수를 이용해서 화성이 태양으로부터 가장 멀리 있을 때와 가장 가까이 있을 때의 거리를 구해 보았다. 그 결과는 놀라웠다. 이번에는 공전 궤도 중심과 이심 사이의 거리가, 공전 궤도 중심과 태양 사이의 거리와 같았던 것이다.

케플러의 계산 방법은 둘 다 관측에 기반을 두고 있었다. 그런데 왜 대행 가설을 이용해 구한 '이심-공전 궤도 중심-태양' 사이의 거리가 위도를 이용해 계산한 결과와 다를까? 케플러는 자신의 최초 가정이 틀렸을지도

○ **화성과 지구의 궤도** 화성의 공전 궤도면과 지구의 공전 궤도면은 1.5° 기울어 있다. 케플러는 이를 이용해 화성과 태양 사이의 거리를 계산했다.

모른다고 생각하기 시작했다.

케플러의 최초 가정은 2가지였다. 하나는 화성의 공전 궤도가 완벽한 원이라는 것이다. 다른 하나는 화성이 이심에서 보았을 때 일정 시간 동안 일정한 각도로 공전한다는 가정이었다. 이 중에서 어떤 가정이 틀렸을까? 하나가 틀렸을까, 아니면 모든 가정이 다 틀렸을까?

케플러는 대행 가설을 이용한 계산과 화성의 위도를 이용한 계산의 결과를 결합해 보기로 했다. 대행 가설로 얻은 공전 궤도 중심을 이심과 태양의 가운데 오도록 옮겨 보면 어떨까?

프톨레마이오스 체계에서 이심은 고정된 지점이다. 즉 이심은 움직이지 않는다. 또한 태양의 위치도 변하지 않는다. 그렇다면 변하는 것은 화성의 위치, 그러니까 태양에서 화성을 바라보는 각도일 것이다. 그런데 공전 궤도 중심을 이심과 태양 한가운데로 옮겼을 때 태양에서 화성을 바라보는 각도 사이에는 8′의 오차가 생겼다. 이 아주 작은 오차의 발견이 천문학의 방향을 완전히 바꾸어 놓았다.

앞서 케플러는 이심을 기준으로 행성이 일정 시간 동안에 일정한 각도를 이루며 움직인다고 가정했으므로, 아래 그림에서 이심과 같은 각도를 이루는 화성1과 화성2는 같은 시간에 관측된 것이다. 같은 시간에 관측된 화성이 태양 기준으로 보면 왜 서로 다른 지점에 있는 것으로 보일까?

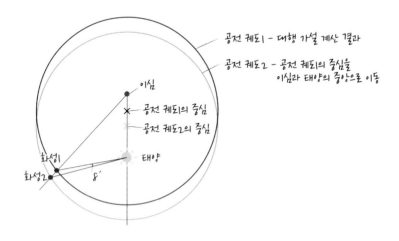

신의 자비심은 가장 부지런한 관측자인 튀코 브라헤를 우리에게 주셨고, 튀코의 관측 결과는 화성 궤도에 대한 프톨레마이오스의 계산에 8′의 오차가 있었음을 보여 주었기 때문에, 우리는 감사하는 마음으로 신의 선물을 인정하고 기려야만 한다. 우리는 우리의 가정이 틀렸음을 보여 주는 이러한 증거들에 기반을 두고 천체의 움직임에 대한 진실을 알아내야 한다. 이런 맥락에서, 나는 내 능력이 다하는 한 이 여정에서 다른 사람들을 위한 길을 열어야만 한다. 이 8′의 오차를 무시할 수 있다고 생각했다면, 나는 가설에 벌써 땜질을 가했을 것이다. 하지만 이 8′의 오차는 무시할 수 없는 것이었다. 이 8′은 모든 천문학을 개혁할 길을 열어 줄 것이며, 내 연구의 중요한 재료가 될 것이다.

－요하네스 케플러,《새로운 천문학》

케플러는 튀코의 관측 결과가 얼마나 정확한지 알았기 때문에 이 작은 오차도 받아들일 수가 없었다. 결국 케플러는 자신의 2가지 가정 중 하나를 버렸다. 바로 이심은 존재하지 않는다는 것이었다.

이심 개념을 포기한 케플러는 태양과 화성의 위치를 기준점으로 삼아서, 지구가 태양 주변을 공전한다는 사실을 입증했을 뿐만 아니라 지구의 공전 궤도도 알아냈다. 화성의 공전 주기는 687일이다. 즉, 화성은 687일마다 제자리로 돌아온다. 그렇다면 화성이 같은 자리로 돌아왔을 때, 태양과 지구와 화성 사이의 각도를 안다면, 삼각함수를 이용해서 공전 궤도 중심부터 지구까지의 상대적인 거리를 계산할 수 있다.

케플러는 지구가 공전 궤도 중심으로부터 항상 같은 거리에 놓여 있지는 않다는 것을 알아냈다. 비록 큰 차이는 아닐지라도, 지구의 위치에 따라 공전 궤도 중심과 지구 사이의 거리가 조금씩 달라졌다. 이는 지구의 공전 궤도가 원 모양이 아니라는 의미였다.

케플러는 화성의 궤도도 알아냈다. 이번에도 역시 튀코의 관측 자료를 이용했다. 태양에서 본 지구와 춘분점 사이의 각도, 그리고 지구와 화성 사이의 각도를 관측한 자료였다. 춘분점은 태양이 지나는 길(황도)이 천구의 적도와 교차하는 지점을 말한다.

화성은 687일마다 제자리로 돌아오지만, 지구는 687일 뒤에는 처음과는 다른 위치에 가 있을 것이다. 케플러는 화성이 제자리로 돌아왔을 때 지구에서 화성을 보는 각도 차이를 이용해 화성과 태양 사이의 거리를 알아냈다. 그는 이렇게 알아낸 화성의 위치들을 표시한 다음, 이 화성들을 서로 연결해 보았다.

튀코의 화성 관측 자료

관측일	지구와 춘분점 사이의 각도 (태양을 중심으로 했을 때)	지구와 화성 사이의 각도
1585년 2월 17일	159°23′	135°12′
1587년 1월 5일	115°21′	182°08′

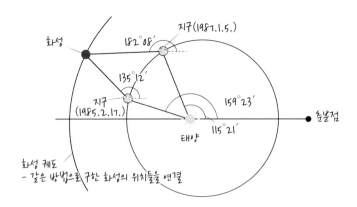

화성 궤도
- 같은 방법으로 구한 화성의 위치들을 연결

  1605년 봄에 케플러는 지구의 궤도뿐만 아니라 화성의 궤도도 타원형이라는 결론을 내렸다. 그리고 타원의 두 초점 중 하나가 태양의 위치와 정확하게 일치한다는 사실도 알아냈다. 케플러는 화성이 타원 궤도로 태양 주위를 공전할 때 태양과의 거리가 어떻게 변하는지도 계산했고, 이를 통해 화성의 정확한 공전 궤도를 그렸다. 케플러는 자신이 화성과의 전투에서 마침내 승리했다고 생각했다.

  케플러의 결론은 행성들이 태양을 하나의 초점으로 하는 타원 궤도를 그리며 공전한다는 것이었다. 행성이 타원을 그리며 공전한다는 그의 연구 결과는 오늘날 '행성 운동에 관한 케플러의 제1법칙'으로 불리고 있다.

  이 발견은 참으로 혁명적이었다. 관측 결과와 정확하게 일치하는 행성

● 《새로운 천문학》 1609년에 출간된 케플러의 저서이다. 후원자인 루돌프 2세에게 헌정했다.

궤도를 얻었을 뿐만 아니라 행성의 운동은 원운동이어야 한다는 2,000년 동안의 믿음을 마침내 깼기 때문이다. 타원 궤도는 주전원이나 이심 개념 없이도 행성 궤도를 정확하고 간결하게 나타낼 수 있게 했다.

행성 궤도가 타원으로 수정되자 케플러의 제2법칙인 면적 속도 일정의 법칙도 이에 따라 바뀌어야 했다. 케플러는 이심과 원 개념을 모두 버리고, 태양을 타원의 한 초점에 둔 면적 속도 일정의 법칙을 정리해 냈다.

케플러는 화성 궤도를 알아내기 위해 10년 동안 노력한 결과를 1609년에 《새로운 천문학》에 담아 출판했다. 650쪽에 이르는 이 방대한 분량의 책이 나온 것은 코페르니쿠스의 《천구의 회전에 관하여》가 출판된 지 66년 만의 일이었다. 케플러는 이 책에 그가 '화성과의 전투'라고 불렀을 만큼 힘들었던 연구의 결과뿐만이 아니라 과정까지 모두 담았다. 또 행성들을 잡아당기는 힘이 있다는 생각을 이 책에서 최초로 제시하기도 했다. 관찰 결과와 이론을 완벽하게 결합한 이 책은 코페르니쿠스 체계가 확립되는 데 중요한 역할을 했다.

케플러가 《새로운 천문학》을 출판하고 잠시 쉬고 있던 1610년, 이탈리아에서는 갈릴레오가 새로 발명된 망원경을 이용해 태양의 흑점, 달 표면의 모양, 금성의 위상 변화, 목성의 위성 등을 발견해 대중적인 관심을 끌었다. 갈릴레오의 발견은 천상계에 관한 아리스토텔레스의 오랜 믿음을 깨고 코페르니쿠스 체계를 지지해 줄 강력한 증거들이었다.

갈릴레오가 새로운 천문학적 발견을 담아 출판한 《시데레우스 눈치우스(별의 전령)》를 읽은 케플러는 곧이어 1610년 《별의 전령과 나눈 대화》와 1611년 《굴절광학》을 출간해 갈릴레오의 발견을 지지했다. 하지만 갈릴레오는 케플러의 법칙을 공개적으로 지지하지 않았다.

케플러는 1619년에 출판된 《우주의 조화》에서 행성 운동에 관한 세 번째 법칙을 발표했다. 총 5권으로 이루어진 이 책에서 케플러는 태양과 행성 사이의 평균 거리와 공전 주기 사이에 놓인 수학적 관계를 알아냈다. 그것은 바로 태양에서부터 행성까지의 평균 거리의 세제곱은 행성의 공전 주기의 제곱에 비례한다는 것이었다.

케플러의 제3법칙은 행성의 공전 궤도 반지름이 커지면, 그 행성의 공전 주기도 급격하게 증가할 것을 의미한다. 예를 들어 태양과 지구와의 거리를 1로 한다면, 태양과 목성의 거리는 5가 된다. 5의 세제곱은 125이다. 11의 제곱은 121이니, 목성의 공전 주기는 대략 11년이 될 것이다. 이후 '평균 거리'가 '가장 긴 공전 궤도의 반지름'으로 수정되기는 했지만, 이 공식은 우주의 조화로움을 그대로 드러내 주었다.

행성 운동에 관한 케플러의 법칙

제1법칙 : 태양을 공전하는 행성의 궤도 = 타원

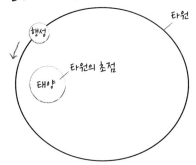

제2법칙 : 태양과 행성이 그리는 부채꼴: 같은 시간 ──→ 같은 넓이

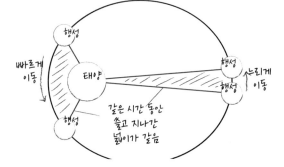

제3법칙 : (행성의 공전 주기)^{2}와 (가장 긴 공전 궤도의 반지름)^{3}은 비례

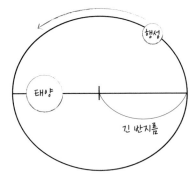

케플러가《우주의 조화》를 출간한 때는 유럽이 30년 전쟁의 소용돌이에 휘말렸던 시기였다. 신성 로마 제국 황제가 구교를 강요하자 이에 반발해 구교와 신교 사이에서 일어났던 전쟁이 30년 전쟁이다. 1618년에 시작된 전쟁은 유럽 여러 나라가 참여하면서 1648년까지 30년간 이어졌다.

전쟁의 소용돌이 속에서 케플러는 1623년 말, 당시로써는 완전히 새로운 수학 개념이던 로그를 사용해 행성의 위치를 계산한 '루돌프표'를 완성했고, 이는 1627년에 출판되었다. 루돌프표의 이름은 자신의 후원자였던 루돌프 2세에서 따온 것이다.

《루돌프표》의 권두 삽화는 천문학의 변화를 상징적으로 보여 준다. 천문학의 여신 우라니아의 신전을 받친 기둥에는 천문학자들이 그려져 있다. 뒤쪽의 오래된 기둥에는 고대 그리스 천문학자인 히파르코스와 프톨레마이오스가, 앞쪽의 새 기둥에는 코페르니쿠스와 튀코가 새겨져 있다. 신전 지붕에는 여섯 뮤즈가 천문 관측기구를 들고 있다. 신전 하단 중간에는 튀코의 우라니보르 천문대가 있던 벤섬이 있다. 그 왼쪽 그림에 앉아 있는 사람이 케플러이다. 케플러의 책상에는 신전 지붕이 놓여 있는데, 이는 케플러가 천문학을 완성했다는 것을 의미한다.

루돌프표는 그 이전에 있었던 어떤 행성 운행표보다 정확해서 이 표를 이용하면 어떤 행성이 언제 어느 위치에 올지를 정확하게 예측할 수 있었다. 예를 들어 케플러는 루돌프표를 이용해 수성과 금성이 1631년에 통과할 지점을 예측했는데, 이 예측은 정확하게 맞아떨어졌다. 23년의 노력 끝에 탄생한 그의 행성 운행표는 수학으로도 자연의 본질에 대한 높은 이해에 도달할 수 있음을 보여 주었다.

○ 《루돌프표》의 권두 삽화 천문학의 변화와 케플러의 자부심을 드러낸다. 신전 하단 좌측에 앉아 있는 사람이 케플러이다. 그는 히파르코스, 프톨레마이오스, 코페르니쿠스, 튀코가 세운 천문학의 기둥 위에 지붕을 얹어 신전을 완성했다.

뉴턴, 행성 사이에 작용하는 힘을 증명하다

케플러는 행성 운동의 규칙성과 조화로움을 설명하는 3개의 법칙과 루돌프표를 만듦으로써 근대 천문학의 탄생에 큰 기여를 했다. 코페르니쿠스 체계가 처음 등장했을 때 많은 천문학자들은 대안적인 천문학 계산 도구로, 또는 미학적인 이유에서 이를 수용했다. 하지만 케플러의 우주 체계에 대해서는 반응이 달랐다. 케플러의 우주 체계는 관측 데이터와 정확하게 일치했을 뿐만 아니라 행성들의 공전 궤도에 대한 정확한 예측이 가능했기 때문이다. 대다수의 천문학자들은 케플러의 타원 궤도를 실재하는 물리적 체계로 수용했다.

하지만 의문은 여전히 남아 있었다. 행성은 왜 타원 궤도를 그리는가? 행성을 궤도에 붙들어 놓는 힘은 어디에서 오는가? 케플러는 행성 운동의 원인이 되는 힘이 자기력과 비슷한 힘이며, 크기는 거리에 반비례할 것이라고 생각했다. 케플러가 죽고 약 40년쯤 지난 1670년대 말 정도가 되면, 행성 운동을 가능하게 하는 힘이 거리의 제곱에 반비례한다는 사실이 널리 알려졌다. 바로 이즈음, 거리의 제곱에 반비례하는 힘을 이용해 케플러의 행성 운행 법칙을 증명한 사람이 등장했다. 바로 아이작 뉴턴(Issac Newton, 1643~1727)이었다.

뉴턴은 태양 중심설에 대한 마지막 의문을 해결했다. 그는 자신의 역작 《프린키피아》 서문에서 밝힌 것처럼 "운동 현상(케플러의 법칙)으로부터 자연의 힘을 연구하고, 이 힘으로부터 또 다른 현상을 증명"하는 것을 자신의 연구 목표로 삼았다. 뉴턴은 이 책에서 행성이 궤도 운동을 하는 이유, 그 궤도가 타원이어야 하는 이유, 그리고 행성들이 태양 주위를 공전

○ **아이작 뉴턴** 뉴턴은 《프린키피아》에서 케플러의 행성 운동 법칙을 증명해 냈다.

할 때 면적 속도가 일정하게 유지되는 이유 등을 수학적으로 증명했다. 뉴턴의 《프린키피아》는 돌풍을 일으켰다.

《프린키피아》는 물체의 질량, 운동량, 관성, 힘, 구심력 등 힘과 운동에 관한 기본 정의를 내리는 것부터 시작한다. 이 중 뉴턴이 정리한 관성 개념에 의하면, 관성이란 "물체 고유의 저항하는 힘이며, 이 힘에 따라서 물체는 가만히 있든, 직선을 따라 일정한 속력으로 움직이든, 계속 현재 상태를 유지"한다.

뉴턴은 특히 구심력을 강조해서 설명했다. 구심력이란, 첫째는 물체가 지구 중심을 향해서 움직이도록 하는 중력이고, 둘째는 자철광이 쇠붙이를 잡아끄는 자력이며, 셋째는 행성들이 직선 운동에서 계속 벗어나도록 만드는 힘이다. 즉 구심력은 "물체가 어떤 중심점을 향해서 움직이도록 끌거나 몰아대는 힘"을 말한다. 사과가 지표면을 향해 가속하면서 떨어지는 것도, 달이 궤도 운동을 하도록 붙잡아 두는 것도 같은 종류의 힘이라고 할 수 있다.

뉴턴에 의하면, 행성은 관성에 의해 직선 운동을 계속하려 들지만, 구심력이라는 힘 때문에 곡선 궤도를 따라 돌게 된다. 그는 돌멩이를 줄에 매달아 돌리는 경우를 예로 들었다. 돌멩이를 줄에 매달아 돌리면 돌멩이는 관성 때문에 손에서 멀리 달아나려고 한다. 하지만 돌멩이를 계속 손을 향해 잡아당겨서 궤도를 유지하도록 하는 구심력이 작용하기 때문에 돌멩이는 손을 중심으로 빙빙 돌게 된다.

달도 마찬가지이다. 중력이라는 구심력이 없다면 달은 고유의 힘(관성)에 의해서 직선으로 날아가 버릴 것이다. 하지만 중력이 있어 지구를 향해 계속 끌리기 때문에 직선 궤도에서 벗어나 곡선 궤도를 그리며 운동을 한다. 뉴턴은 상상력을 대담하게 확장시켜서 우주의 모든 행성들이 태양 주위를 도는 이유가 바로 이 중력 때문이라고 설명했다.

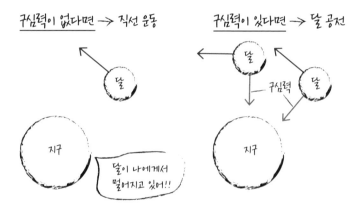

총 3권으로 구성된 《프린키피아》는 뉴턴이 물체의 운동에 관한 문제를 내고 그에 대한 증명을 하는 방식으로 진행된다. 《프린키피아》의 제1권 2장에는 케플러의 면적 속도 일정의 법칙에 대한 증명이 들어 있다. 뉴턴은

"힘의 중점이 고정되어 있고, 어떤 물체가 그 힘의 중점으로 끌리면서 움직인다고 했을 때, 반지름(물체와 중점 사이의 거리)이 그리는 넓이는 시간에 비례한다."라는 증명으로 2장을 시작했다.

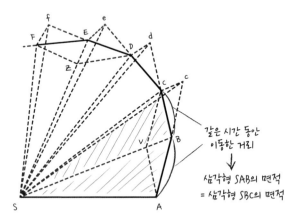

위 그림을 보자. 관성에 따라 AB에서 Bc를 따라가던 물체는 구심력 때문에 BC를 따라 움직이게 된다. AB와 Bc, BC는 같은 시간 동안 이동한 거리로, 외부 방해 없이 관성을 따라 움직이는 물체는 속도 변화가 없으니 AB와 Bc의 길이는 동일하다. 이때 삼각형들의 밑변과 높이가 같으면 넓이가 같다는 원리에 따라 △SAB와 △SBc의 면적이 같다. 또한 같은 이유로 △SBc와 △SBC의 면적도 같다. 뉴턴은 이렇게 △SAB, △SBC, △SCD, △SDE, △SEF의 면적이 모두 같다는 것을 보였다. 이로써 케플러의 제2법칙인 면적 속도 일정의 법칙이 맞는다는 것을 증명해 냈다.

뉴턴은 더 나아가 물체가 타원 궤도를 따라 움직일 때 작용하는 구심력의 크기를 계산했다. 뉴턴은 구심력이 행성과 태양 사이 거리의 제곱에 반비례한다는 것을 보였다. 이에 따르면 타원 궤도를 도는 행성이 태양에 가

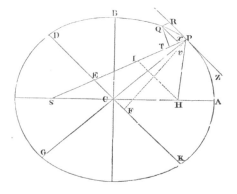

○ 《프린키피아》삽화 뉴턴이 구심력의 크기를 계산할 때 이용한 도식이다. P가 행성, S가 태양의 위치이다. 구심력은 행성과 태양 사이의 거리인 SP의 제곱에 반비례한다.

장 가까이에 왔을 때는 중력을 강하게 받기 때문에 공전 속도가 빨라진다. 행성이 태양으로부터 가장 멀리 떨어져 있을 때는 중력이 가장 약하게 작용하기 때문에 행성의 공전 속도는 느려진다. 이는 타원 궤도 법칙과 면적 속도 일정의 법칙에 대한 증명이기도 했다.

뉴턴은 계속해서 여러 법칙들을 증명하고 계산 방법을 제시했다. 그는 거리의 제곱에 반비례하는 힘을 받는 물체가 그리게 될 궤도가 타원이라는 사실도 증명했으며, 어떤 물체가 타원 궤도를 따라 운동할 때 주어진 시간에 그 물체가 있는 위치를 정확하게 측정할 수 있는 방법도 제시했다.

나아가《프린키피아》3권에서는 이러한 법칙들을 바탕으로 태양계 각 행성과 위성들의 운동, 밀물과 썰물, 달의 운동, 혜성의 운동을 정확하게 설명했다. 이 과정을 통해 뉴턴은 구심력, 즉 중력이 자연의 본질적인 힘이라는 것을 보였다.

이처럼 뉴턴은 케플러의 행성 운동 법칙과 보편 중력의 법칙을 연결함으로써 자신의 목표를 이루었다. 중력의 원인에 대한 어떤 가설도 세우지 않고도 "중력이 실제로 존재하고 자신이 설명한 법칙들에 따라서 작용"한 다는 것을 사람들에게 납득시켰으며, "천체들의 모든 움직임과 바닷물의 움직임을 아주 잘 설명"해 냈다. 그럼으로써 뉴턴은 코페르니쿠스, 케플러, 갈릴레오로 이어진 새로운 우주 체계와 천문학 혁명, 나아가 과학 혁명을 완성했다.

태양 중심 체계가 우주에 대한 관념을 바꾸다

튀코는 벤섬에서 쫓겨나 새로운 후원자를 찾아 헤매고 있을 때도 천문 관측을 했을 만큼, 평생 규칙적으로 하늘을 관찰하고 막대한 양의 관측 자료를 남겼다. 케플러는 튀코의 정밀한 관측 자료를 이용해 화성의 공전 궤도를 밝혀내기 위해 10년이 넘는 시간 동안 노력했다. '전투'라고 표현할 만큼 힘든 과정을 거친 결과 그는 행성의 운동에 관한 3가지 법칙을 알아낼 수 있었다.

행성이 케플러의 법칙에 따라 공전 운동 하는 이유를 찾아낸 사람은 뉴턴이었다. 그는 1687년 출간된 《프린키피아》를 통해 케플러의 법칙을 증명했다. 이 책에서 뉴턴은 관성 개념과 구심력 개념을 결합해 행성의 궤도 운동을 설명함으로써 천상계에서는 등속 원운동이 자연스러운 운동이라는 아리스토텔레스의 운동론이 잘못되었음을 보여 주었다. 또 그는 중력 개념을 도입해 지상에서의 운동과 천상에서의 운동을 동일한 방식으로 설명함으로써 천문학 혁명뿐만 아니라 과학 혁명까지 완성했다.

오늘날 우리가 아는 우주의 크기는 케플러와 뉴턴이 상상할 수 없었을 만큼 크다. 케플러와 뉴턴의 시대로부터 약 400년이라는 시간이 지나는 동안, 우주의 탄생과 역사, 천체의 움직임을 설명하는 다양한 이론이 등장했다. 20세기 초에 아인슈타인의 일반 상대성 이론이 등장한 이후에는 중력도 뉴턴의 개념과는 다른 방식으로 이해되고 있다. 뉴턴에게 중력이 질량을 가진 물체가 서로 끌어당기는 힘이었다면, 아인슈타인의 중력은 질량을 가진 물체 주변의 공간이 휘는 것이다.

이런 변화에도 불구하고 행성 운동에 관한 케플러의 법칙과 뉴턴의 보편 중력의 법칙은 오늘날에도 우주와 천체의 운동을 설명하는 데 사용된다. 이 둘은 천체의 움직임을 연구하는 과정에서 자연철학의 하위 학문으로 여겨지던 수학을 이용했고, 우주의 실재하는 물리 현상들을 수학을 통해 증명해 냄으로써 자연철학과 수학의 학문적 통합에 기여했다.

태양 중심 우주 체계를 받아들이지는 않았지만 지구 중심 우주 체계가 폐기되는 데 중요한 역할을 했던 튀코, 태양 중심의 새로운 우주 이론을 기반으로 화성의 정확한 궤도를 알아내기 위해 노력했던 케플러, 보편 중력의 법칙을 이용해 케플러의 법칙을 증명함으로써 근대과학의 포문을 연 뉴턴. 이들의 노력이 있어 인류는 우주를 새롭게 이해할 수 있게 되었다.

또 다른 이야기 | 김석문과 홍대용, 서양의 우주 체계를 발전시키다 ......

　조선 후기의 유학자들은 대부분 청나라를 통해 서양 학문을 접했다. 이들은 서양의 천문학 지식을 접한 후 이를 자신들의 전통적인 지식 체계와 결합해 독창적인 우주론을 만들어 냈다. 그 대표적인 학자로 김석문과 홍대용을 들 수 있다.

　조선 후기의 학자 김석문은 청나라에서 활동하던 예수회 신부들이 소개한 우주관 중 튀코 체계에 영향을 받았다. 김석문은 이를 비판적으로 발전시켜서 자신만의 이론을 전개했다. 김석문이 저술한 《역학도해》에 의하면, 그의 우주는 9개의 천구로 구성되어 있다. 가장 바깥쪽에는 태극천이 있는데, 바로 이 태극천에서 우주의 모든 것이 만들어진다. 움직이지 않는 이 태극천 안에서는 태허천이 생겨나 느리게 회전 운동을 한다. 이 태허천 안에서는 그보다 좀 더 빠르게 회전하는 항성천이 만들어진다. 이런 과정을 거쳐 우주에 9개의 천구가 만들어졌다. 태극천에서 안쪽으로 들어갈수록 천구의 회전 속도는 점점 빨라지고, 우주 중심과 가까운 곳에는 지구 주위를 매우 빠르게 회전하는 달이 있다. 가장 마지막에 탄생한 지구는 1년에 366회 자전할 만큼 빠른 속도로 움직인다. 모든 천체는 서쪽에서 동쪽으로 회전한다.

　김석문의 학문은 이후 홍대용(洪大容, 1731~1783)에게 계승되었다. 서양 과학에 관심이 많았던 홍대용은 직접 천문대를 세우고 천문 관측기구를 비치해 놓기도 했다. 홍대용 우주론의 기본 사상은 우주가 무한히 펼쳐져 있으며, 지구는 하루에 한 바퀴 자전한다는 것이다. 우주는 무한하기 때문에 중심이 있을 수 없고, 우주의 무한한 별들에는 우리와 비슷한 생명체들이 살고 있을 것이라고 그는 생각했다.

　이처럼 조선 후기의 유학자들은 서양의 우주론을 수동적으로 수용하기만 한 것이 아니다. 이를 응용하고 확장해 자신들만의 독창적인 우주 체계를 만들어 냈다.

보통 과학 혁명은 코페르니쿠스의《천구의 회전에 관하여》가 등장한 1543년에 시작해 뉴턴의《프린키피아》가 출판된 1687년에 완성되었다고 여겨진다. 무려 150년이라는 시간이 걸린 이 혁명은 여러 과학자의 노력으로 완성되어 나갔다.

튀코는 비록 태양 중심 우주 체계를 수용하지는 않았지만, 아리스토텔레스 체계가 틀렸음을 보였다. 신성 발견으로 천상계에도 변화와 생성이 있다는 것을 보였고, 혜성 관측으로 천구의 존재에 이의를 제기하도록 했다. 그는 태양과 달이 지구를 중심으로 공전하고 나머지 행성들은 태양을 중심으로 공전하는 우주 체계를 고안했다.

튀코가 모은 관측 자료는 케플러에게 전달되었다. 코페르니쿠스주의자이던 케플러는 튀코의 화성 관측 자료를 이용해 면적 속도 일정 법칙을 고안했고, 이심이 존재하지 않으며, 화성 궤도가 타원 모양이라는 사실도 알아냈다. 이어서 케플러는 태양과 행성 사이의 거리와 공전 주기 사이에 놓인 수학적 관계도 계산해 냈다.

뉴턴은 구심력을 이용해 케플러의 법칙을 증명했다. 왜 행성의 공전 궤도가 타원이 되는지, 왜 행성이 태양 주위를 공전할 때 면적 속도가 일정한지 등을 밝힌 뉴턴은 지상계와 천상계의 현상을 통합해 설명함으로써 새로운 우주 체계를 완성했다.

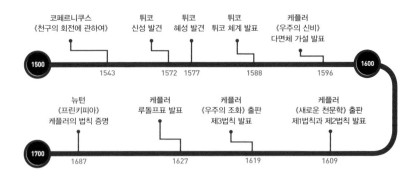

망원경,
우주의 비밀을 보여 주다

망원경과 갈릴레오의 발견

시간의 흐름은 내가 이전에 말한 진리를 모두에게 보여 주었다.
- 갈릴레오 갈릴레이 -

덴마크의 천문학자 튀코 브라헤는 시력이 상당히 좋아서 육안으로도 밤하늘의 별들을 정확하게 관측할 수 있었다. 좋은 시력을 이용한 규칙적인 천체 관찰은 그를 당대 최고의 천문학자로 만들어 준 자산이었다. 튀코가 남긴 막대한 자료들은 천문학의 발전에 큰 밑거름이 되었지만, 육안 관찰에는 근본적인 한계가 있었다.

17세기 초에 망원경이 발명되자 천문학에서 혁명적인 변화가 나타났다. 그동안 육안으로만 보던 천체의 모습과 망원경으로 본 천체의 모습에는 큰 차이가 있었다. 망원경으로 본 천체의 모습은 아리스토텔레스가 말했던 완벽한 천상계의 모습과 거리가 있었다. 또한 망원경을 이용하면 이전에는 관측할 수 없었던 여러 현상도 볼 수 있었다.

갈릴레오 갈릴레이는 누구보다도 일찍 망원경의 중요성을 알아보았다. 그는 1609~1610년 사이에 자신이 개량한 망원경을 이용해 천체를 관측했다. 그는 달의 표면이 울퉁불퉁하다는 사실을 알아냈고, 태양의 흑점을 관측했으며, 목성의 위성을 발견했다. 또 금성의 모양이 달처럼 변한다는 사실도 알아냈다.

갈릴레오와 케플러는 아리스토텔레스-프톨레마이오스 체계가 폐기되는 데 중요한 역할을 했지만, 둘이 기여한 방식은 서로 달랐다. 케플러의 천문학이 기하학적인 계산으로 정립된 결과였다면, 갈릴레오의 천문학은 망원경을 이용한 시각적 증명이었다. 이 둘은 자신들만의 방식으로 코페르니쿠스의 태양 중심 우주 체계가 수용되는 데 기여했다.

망원경, 인간의 눈을 넘어 더 먼 세계를 보게 하다

케플러가 1609년 《새로운 천문학》으로 타원 궤도 법칙과 면적 속도 일정의 법칙을 발표하자, 천문학자들은 마침내 관측 데이터와 일치하는 우주 모델을 만들 수 있게 되었다. 그가 만든 천문표는 이전까지 만들어진 어떤 천문표보다 정확했고, 그의 우주 체계에서는 주전원이나 이심과 같은 가설도 도입할 필요가 없었다. 케플러의 우주 체계는 천체의 움직임을 정확하게 예측할 수 있게 해 주었기 때문에 점차 많은 천문학자에게 수용되었다. 천문학자들은 이것이 단지 수학적인 모델이 아니라 우주의 실제 모습이라고 생각하기 시작했다.

하지만 태양 중심 우주 체계에 관한 일반 대중과 자연철학자들의 의심은 쉽게 사라지지 않았다. 태양 중심설은 지구가 공전과 자전 운동을 한다는 것을 의미하지만, 지구가 움직인다는 것은 일반인들의 상식과 경험에 부합하지 않았기 때문이다.

지구는 움직이지 않고 가만히 있는 것처럼 보인다. 지구가 자전한다면, 지구의 크기를 고려했을 때 자전 속도가 엄청나게 빠를 것이라고 추측할 수 있다. 하지만 지구에 있는 사람들은 땅의 움직임을 느끼지 못한다. 또 밤하늘을 보면 지구는 가만히 있고, 별들이 움직이며 일주 운동을 하는 것처럼 보인다. 이처럼 태양 중심 우주 체계는 일상의 경험에 위배되어 쉽게 받아들여지지 못했다. 천문학자가 아닌 사람들이 상식과 경험을 버리고 케플러의 우주 체계를 수용하기에는 케플러의 우주 체계가 지나치게 난해했다.

태양 중심설을 납득시키기 위해서는 우주에 대한 새로운 관측 자료와 새로운 이해 방식이 필요했다. 이를 해결한 사람이 바로 이탈리아 출신의 물리학자이자 자연철학자이자 천문학자였던 갈릴레오 갈릴레이(Galileo Galilei, 1564~1642)이다.

케플러와 동시대에 살았던 갈릴레오는 일반 대중이 태양 중심설을 받아들일 수 있도록 다양한 시각적 증거를 제시했다. 그는 망원경으로 천체의 새로운 모습을 관찰했고, 이는 태양 중심 우주 체계를 지지하는 데 적극적으로 이용되었다. 일반인들에게는 케플러의 수학적 계산보다 갈릴레오의 직접 관측이 호소력 있었던 것이다.

망원경은 렌즈를 이용해서 만들었다. 렌즈는 이미 중세부터 사용되기 시작했다. 렌즈를 이용한 대표적인 도구로 안경이 있었는데, 최초의 안경은 13세기 말 이탈리아의 장인들이 만들었던 것으로 전해진다. 처음에는 원시를 교정하는 볼록 렌즈 안경이 만들어졌고, 15세기 중반에는 근시를 교정하는 오목 렌즈 안경이 개발되었다.

렌즈를 조합한 최초의 망원경은 1608년 네덜란드에서 만들어졌다. 이 망원경은 경통 안에 렌즈 2개를 일정 거리 이상 떨어뜨린 모양이었다. 망원경이 처음 만들어졌을 때 한스 리페르세이(Hans Lippershey, 1570~1619), 야코프 메티우스(Jacob Metius, 1571~1624), 차하리아스 얀선(Zacharias Janssen, 1585~1632)이라는 세 네덜란드인이 망원경 특허 등록을 거의 동시에 신청했다. 특허 심사관은 망원경이 유용하기는 하지만 복제가 매우 쉬운 도구라는 이유로 특허를 내주지 않았다. 실제로 망원경은 매우 간단하게 만들 수 있는 도구였기 때문에 특허 논쟁이 일어나는 동안에도 빠른 속도로 유럽 전역으로 퍼져 나갔다.

❖ **초기 망원경** 네덜란드에서 개발된 초기 망원경을 묘사한 그림이다.

　유럽에서 망원경이 처음 발명되었을 당시 갈릴레오는 베네치아 공화국에 있던 파도바 대학교에서 학생들에게 수학을 가르치고 있었다. 갈릴레오는 먼 곳에 있는 물체를 가까이에 있는 것처럼 크게 보여 주는 망원경이라는 도구가 발명되었다는 이야기를 전해 듣고 스스로 망원경을 제작하기 시작했다. 갈릴레오는 수학 교수였기 때문에 빛의 굴절에 관한 이론을 잘 알고 있었다.

　갈릴레오는 굴절률이 낮은 볼록렌즈와 굴절률이 높은 오목렌즈를 조합해 고배율의 망원경을 만들어 냈다. 좋은 렌즈를 얻기 위해 렌즈를 연마하는 기술을 직접 익힌 그는 1609년 8월에 배율이 9배인 망원경을 제작한 것을 시작으로 망원경의 배율을 계속 높여 나갔고, 결국 30배율이라는 유

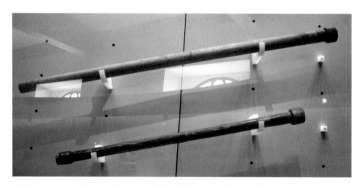

○ **갈릴레오의 망원경** 갈릴레오는 망원경을 개조해 고배율의 망원경을 직접 만들었다.

럽 최고 성능의 망원경을 가지게 되었다. 육안으로 볼 때보다 거리는 30배 가깝게, 넓이는 약 1,000배 더 크게 볼 수 있는 망원경이었다. 갈릴레오는 약 60여 개의 망원경을 만들었다.

처음에 갈릴레오는 망원경이 군사적 목적으로 쓰기 적합하다고 생각했다. 그래서 자신의 망원경을 당시에 파도바를 통치하던 베네치아 총독과 의원들에게 보여 주었다. 하지만 망원경을 총독에게 바치는 대가로 연구

○ 갈릴레오 갈릴레이 망원경으로 달, 은하수, 목성 등 여러 천체를 관찰해 코페르니쿠스 체계 확립에 공헌했다.

○ **갈릴레오의 망원경 시연** 19세기에 그려진 그림으로, 갈릴레오가 당시 베네치아 공화국의 총독이었던 레오나르도 도나토에게 망원경을 보여 주는 장면이다.

후원을 받고자 했던 갈릴레오의 요청은 받아들여지지 않았다.

케플러의 《새로운 천문학》이 출판된 1609년 11월, 갈릴레오는 그 이전까지 누구도 하지 않았던 일을 시작했다. 망원경 렌즈를 하늘로 돌린 것이다. 그는 망원경으로 하늘을 관찰한 결과를 꼼꼼히 기록했다. 이제 천문학자들은 육안으로 하늘을 보아야만 했던 그 이전 세대와는 질적으로 완전히 다른 관측 자료들을 얻을 수 있게 되었다. 이 관측 자료들은 우주와 천체에 관한 지식을 완전히 바꾸었다.

갈릴레오, 망원경으로 목성의 위성을 발견하다

망원경을 이용해 갈릴레오가 처음으로 관찰한 것은 달이었다. 1609년 겨울, 갈릴레오는 망원경으로 달을 자세히 살펴보았다. 갈릴레오의 말에 따르면 달과의 거리가 마치 지구 지름의 2배쯤 되는 것처럼 달이 매우 가깝게 보였다. 망원경으로 보이는 달의 모습은 놀라웠다.

고대부터 많은 사람들은 천체의 완벽함에 대해 의심하지 않았다. 사람들은 천체가 완벽한 구 모양을 하고 있을 것이라고 생각했다. 종교적이거나 철학적인 이유도 있었고, 많은 사람들의 눈에 행성이나 달이 그런 모양으로 보인 탓도 있을 것이다. 달이 완벽한 모습일 것이라고 믿었던 이들은, 달의 표면에 보이는 검은 점은 달이 흡수했던 빛을 방출할 때 지역에 따라 방출량이 달라서 나타나는 현상이라고 생각했다.

하지만 갈릴레오가 망원경을 통해 본 달의 표면은 완벽하지도 매끈하지도 않았다. 오히려 표면이 고르지 못하고 거칠었으며, 푹 파이거나 어두

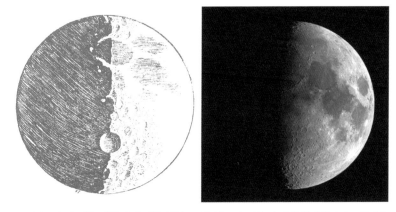

○ 갈릴레오의 달 관찰 기록(좌)과 상현달(우) 《시데레우스 눈치우스》에 실린 상현달의 그림이다. 실제 달 사진과 비교하면 달의 모습을 상당히 자세하게 볼 수 있었음을 알 수 있다.

운 곳도 있었다. 만약 달의 표면이 매끈하고 완벽한 구형이라면 달의 밝은 부분과 어두운 부분의 경계선은 자연스럽게 이어질 것이다. 하지만 달의 밝은 부분과 어두운 부분의 경계선은 울퉁불퉁했다.

갈릴레오는 지구의 표면처럼 달의 표면도 산과 골짜기로 이루어져 있다는 결론을 내렸다. 차이가 있다면 단지 지구보다 달의 산이 훨씬 더 높고 계곡이 훨씬 더 깊다는 것이었다. 달의 울퉁불퉁한 모습은 천체가 완벽하지는 않다는 결정적인 증거였으며, 지상계와 천상계에 차이가 없다는 의미였다.

갈릴레오는 달이나 행성은 눈으로 볼 때보다 망원경으로 볼 때 훨씬 크게 보이지만, 별(항성)들은 망원경으로 보았을 때와 육안으로 보았을 때에 크기 차이가 별로 없다는 것도 알아냈다. 밝기만이 조금 더 밝아졌을 뿐이었다. 갈릴레오는 별들이 밝은 빛에 둘러싸여 있기 때문에 실제보다 더 커

보이지만, 별 바깥쪽에 번지는 빛을 모두 걷어낸 실제 크기는 훨씬 작을 것이라고 결론 내렸다. 별들이 육안뿐만 아니라 망원경으로 보았을 때도 작다는 것은 이 별들이 지구로부터 엄청나게 멀리 떨어져 있다는 것을 뜻했다.

이 발견은 2가지 측면에서 코페르니쿠스 체계를 뒷받침했다. 우선 시차가 관찰되지 않는 이유를 설명할 수 있었다. 코페르니쿠스 체계를 증명할 수 있는 가장 강력한 증거는 시차이다. 지구가 태양 주변을 공전한다고 가정한다면 반드시 시차가 관찰되어야만 한다. 실제로 코페르니쿠스가 공격을 당한 가장 큰 이유도 시차가 관찰되지 않았기 때문이다. 튀코가 코페르니쿠스 체계를 지지할 수 없었던 이유도 시차가 관측되지 않았기 때문임을 생각해 보면, 별들이 너무나도 멀리 있어서 시차가 관측되지 않는다는 갈릴레오의 결론은 코페르니쿠스주의자들에게는 매우 반가운 것이었다.

둘째, 코페르니쿠스는 시차가 발견되지 않았다는 이유로 우주의 크기를 무한히 확장시켰다. 망원경으로 보았을 때도 별들이 커지지 않는다는 것은 우주의 크기에 대한 코페르니쿠스의 이론을 지지하는 것으로 보였다.

갈릴레오는 개량한 망원경을 이용해 계속 놀라운 발견을 이어 갔다. 망원경으로 하늘을 바라보자 당시에 알려져 있던 별들 사이에서 새로운 별이 무수히 나타났다. 갈릴레오는 하늘에 얼마나 많은 별이 존재하는지 보여 주기 위해서 오리온자리나 플레이아데스성단에 새로 발견한 별들을 그려 넣었다. 갈릴레오의 표현에 의하면 "눈으로 볼 수 있는 별 주위의 1°내지 2° 안에는 새로운 별이 500개 이상" 흩어져 있었다.

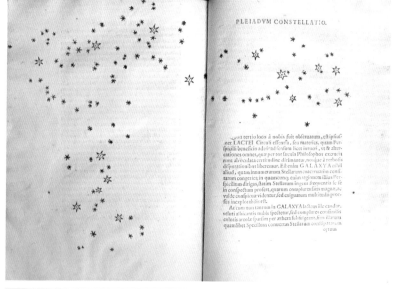

PLEIADVM CONSTELLATIO.

qua tertio loco à nobis fuit obseruatum, est ipsius-
met LACTEI Circuli essentia, sea materies, quam Per-
spicilli beneficio adeò ad sensum licet intueri, vt & alter-
cationes omnes,quæ per tot sæcula Philosophos exercua-
runt ab oculata certitudine dirimantur, nosque à verbosis
disputationibus liberemur. Est enim GALAXYA nihil
aliud, quàm innumerarum Stellarum coaceruatim conti-
tarum congeries; in quamcunq; enim regionem illius Per-
spicillum dirigas, statim Stellarum ingens frequentia se se
in conspectum profert, quarum compures satis magnæ, ac
valde conspicuæ videntur, sed exiguarum multitudo pror-
sus inexplorabilis est.

At cum non tantum in GALAXYA lacteus ille candor,
veluti albicantis nubis spectetur, sed compures confimilis
coloris areolæ sparsim per æthera fuldirigeant, fi in illarum
quamlibet Specillum conuertas Stellarum conflipatarum
cetum

◑◑ 오리온자리(왼쪽)와 갈릴레오의 오리온자리 기록(위) 갈릴레오는 《시데레우스 눈치우스》에 새롭게 관측한 별들을 그려 넣었다. 원래는 모든 별을 그리려고 했으나 별의 수가 많고 복잡해 허리띠를 이루는 별 3개와 칼을 이루는 별 6개 부근의 별만 기록했다. 기존에 알려진 별은 크게, 새로운 별은 작게 그렸다.

거대한 지구본에 별 1,000개를 그려 넣는 것이 튀코의 평생 목표였다는 사실을 생각해 보면, 망원경이라는 도구가 인간이 인지하는 별의 수를 얼마나 많이 늘렸는지 알 수 있다.

갈릴레오는 망원경을 은하수로도 돌렸다. 갈릴레오가 관찰하기 전까지 은하수는 태양과 달에서 퍼져 나온 빛이 뿌옇게 반사된 것으로 여겨졌다. 즉 달 아래쪽의 대기에서 일어나는 현상으로, 일종의 구름 같은 것으로 생각된 것이다. 하지만 망원경으로 은하수를 보자, 맨눈으로는 보이지 않던 무수한 별들이 나타났다. 갈릴레오는 은하수가 엄청나게 많은 별의 모임이라는 것을 알아냈다.

망원경을 이용한 갈릴레오의 발견 중 그의 삶에 가장 큰 영향을 끼친 것은 목성의 위성 발견이다. 갈릴레오는 목성의 위성을 발견할 때만 해도 파도바 대학교의 수학 교수였는데, 이 발견을 계기로 자신의 사회적 신분을 자연철학자로 한 단계 상승시켰다.

1610년 1월 7일, 이날은 목성이 충의 위치를 지나는 날이었다. 즉, 태양-지구-목성이 일직선상에 와 지구와 목성의 거리가 가장 가까운 날이었기 때문에, 갈릴레오는 저녁 하늘에서 밝게 빛나는 목성을 관찰할 수 있었다. 그는 이날 저녁, 당시 가장 좋은 망원경이었던 자신의 망원경으로 그동안 육안으로는 전혀 보이지 않던 3개의 작은 별이 목성 옆에서 밝게 빛나고 있는 것을 발견했다. 3개의 작은 별들은 목성과 일직선을 이루고 있었다.

처음에 갈릴레오는 이 별들이 붙박이별(항성)이고, 목성이 이 3개의 별들 사이를 지나가고 있다고 생각했다. 하지만 이 별들이 정확히 한 줄로 나

❶ **갈릴레이 위성** 갈릴레오가 발견한 목성의 가장 큰 위성 4개로 왼쪽부터 차례대로 이오, 유로파, 가니메데, 칼리스토이다. 위성의 이름은 모두 제우스의 연인들에게서 따왔는데, 발견 당시에는 '메디치가의 별들'이라고 불렸다. 오늘날까지 발견된 목성의 위성은 79개이다.

란히 정렬되어 있었고, 같은 크기의 다른 별들에 비해 밝게 빛나고 있었기 때문에 흥미롭게 여겼다. 갈릴레오는 목성 주변의 별을 관측한 지 3일이 지난 1월 10일 밤에 다시 목성을 관찰했다. 그러자 며칠 전에 보았던 3개의 별들 중에서 2개만을 관찰할 수 있었다. 1월 13일에는 4번째 별도 발견했다.

별의 개수가 변하는 것을 이상하게 생각한 갈릴레오는 몇 주에 걸쳐서 목성을 계속 관찰했다. 그 결과 4개의 별들이 항상 목성과 일직선을 이루고, 목성에서 일정한 거리를 유지한다는 사실을 알게 되었다. 또한 이 별들이 목성을 중심으로 일정한 주기로 움직이고 있다는 점도 알아냈다. 갈릴레오가 붙박이별이라고 생각했던 이 별들은 사실은 별이 아니라 목성의 위성이었던 것이다.

목성이 우주의 중심을 12년 주기로 공전하는 동안, 이 위성들은 목성 주위를 공전한다. 갈릴레오는 이 위성들이 목성에서 가장 멀리 떨어진 곳에서는 합쳐져 보이는 경우가 없다는 점을 근거로, 위성들의 공전 궤도가 모

○ **갈릴레오의 편지** 1609년 갈릴레오가 베네치아 공화국의 총독에게 보낸 편지의 초안이다. 망원경의 장점을 설명한 아랫부분에 1610년 1월 7일부터 1월 11일 사이에 관찰한 목성 위성의 움직임이 기록되어 있다.

두 다르다고 결론 내렸다. 갈릴레오는 가장 안쪽 궤도를 도는 위성이 가장 빠르게 공전한다는 것도 알아냈다. 목성의 위성은 달의 표면이 고르지 않다는 사실만큼이나 놀라운 발견이었다.

오랫동안 지구 중심설을 지탱해 준 근거 중 하나는 우주에서 지구만이 위성을 가지고 있다는 사실이었다. 지구만이 유일하게 위성을 가지고 있다는 것은 이 우주에서 지구의 위상이 특별하다는 의미이기에 지구가 우주의 중심에 놓여야 한다고 사람들은 믿었던 것이다. 태양 중심 우주 체계를 두고 당시에 있었던 강력한 비판 중 하나가 '지구가 우주의 중심이 아니라 하나의 행성이라면 왜 지구만이 위성을 가지고 있는가?'라는 것이었다. 목성에도 위성이 있다는 사실은 우주에 운동 중심이 여럿 있을 수 있다는 뜻이었다. 또한 위성이 있다는 사실만으로 지구를 우주의 중심에 놓을 수 없다는 것을 의미했다. 즉 목성 위성의 발견은 모든 천체가 지구를 중심으로 회전한다는 믿음을 깨는 것이었다.

따라서 우리는 행성이 태양 둘레를 돌고 있다는 코페르니쿠스 체계를 조심스럽게 수용하면서도, 지구와 달이 태양을 1년에 한 번씩 함께 돌면서 동시에 달이 지구 둘레를 돌기도 한다는 것이 너무 당혹스러워서, 이러한 우주의 구성을 불가능한 것으로 결론짓고 마는 사람들의 당혹감을 일거에 없애 버릴수 있는 뛰어나고 훌륭한 논거를 갖추게 되었다. 한 행성의 둘레를 돌면서 그 행성과 함께 태양 둘레를 크게 돌기도 하는 것(달)을 우리는 이제까지 하나밖에 몰랐지만, 이제는 4개의 별이 목성 둘레를 돌면서 그 목성과 함께 12년 주기로 태양 둘레를 크게 돌고 있다는 것을 알게 되었기 때문이다.

-갈릴레오 갈릴레이,《시데레우스 눈치우스》

(장헌영 옮김,《갈릴레오가 들려주는 별 이야기》, 134쪽)

갈릴레오는 다른 누군가가 자신과 똑같은 발견을 해내는 것은 시간문제라고 생각했다. 그는 조급해졌고, 누구보다도 빨리 자신의 발견을 발표해야겠다고 생각했다. 갈릴레오는 목성의 위성이 지닌 의미를 누구보다도 잘 알았고, 목성 위성 발견을 통해 자신이 무엇을 얻을 수 있을지도 알았다.

갈릴레오, 메디치가의 후원을 받는 데 성공하다

갈릴레오가 목성 위성의 발견을 이토록 중요하게 여긴 이유를 당시 학문 사이의 위계 관계에서 찾아 볼 수 있다. 목성 위성을 발견할 당시 갈릴레오는 파도바 대학교의 수학 교수로 학생들에게 역학이나 기하학, 천문학 등을 가르치고 있었다.

16~17세기 과학 혁명 시기 이전까지만 해도 수학자와 자연철학자 사이에 엄격한 위계질서가 있었다. 자연철학은 자연 현상의 진정한 원인, 즉 사물의 본성과 본질을 다루는 학문이었다. 반면 수학은 자연 현상의 우연적인 속성, 즉 양적 측면을 다루는 학문으로 여겨졌다.

자연철학과 수학의 관계를 대표하는 예를 아리스토텔레스와 프톨레마이오스에서 찾아볼 수 있다. 우주론과 운동론, 물질론을 체계적으로 결합해 만물의 근본 원인을 파헤치고자 했던 아리스토텔레스의 학문은 자연철학에 속한다. 아리스토텔레스 체계 안에서 행성 운행을 계산하고 예측했던 프톨레마이오스의 천문학은 수학의 일부분으로 인식되었다. 자연철학이 '왜'를 묻는 학문이었다면, 수학은 '어떻게'를 묻는 학문이었다.

이 두 학문은 인식적으로나 사회적으로나 위상에서 상당한 차이가 있었다. 수학은 자연철학에 비해 저급한 학문으로 인식되었다. 수학의 일부분으로 여겨지던 천문학은 자연철학의 원리를 따라야만 했으며, 천문학의 역할은 수학적인 모델을 만들어서 자연 현상들을 설명해 내는 것에 한정되어 있었다.

두 학문의 종사자들은 사회적으로도 상당히 다른 대우를 받았다. 수학이 자연철학보다 저급한 학문으로 인식되자 대학교에서도 수학 교수는 자연철학 교수들보다 한 단계 낮은 취급을 당했다. 수학 교수의 봉급은 자연철학 교수 봉급의 1/8밖에 되지 않았다는 것이 이러한 위계를 방증한다.

코페르니쿠스의 《천구의 회전에 관하여》가 등장했을 때만 해도 많은 자연철학자는 코페르니쿠스 체계가 아리스토텔레스의 자연철학과 일치하지 않고, 방대한 자연철학의 원리를 전혀 고려하지 않은 허무맹랑한 이론이라고 비난했다. 자연 현상에 물리적 해석을 할 자격이 없는 천문학자가 새로운 우주 체계를 제안한 것이 자연철학자들에게 주제넘은 짓으로 보였던 것이다. 천문학자들도 예외는 아니라서, 많은 천문학자는 코페르니쿠스 체계가 계산상의 편의를 위한 수학적 모델일 뿐, 물리적으로 실재하지는 않는다고 생각했다.

갈릴레오는 이들과 달랐다. 16세기 들어 수학을 중시하는 신플라톤주의가 유행하고, 수학이 사회적으로 유용하게 이용되면서, 수학의 학문적 지위도 점차 향상되고 있었다. 이런 분위기 속에서 갈릴레오는 "자연이라는 책은 수학의 언어로 기술되어 있다."라고 믿으며 수학을 통해 자연을 이해하고자 했다. 그는 코페르니쿠스 체계가 실재하는 물리적 체계라고 굳게 믿었다.

코페르니쿠스 체계에 대한 자연철학자들의 비판은 거셌다. 그 비판은 주로 역학적인 부분에 집중되어 있었다. 갈릴레오는 코페르니쿠스 체계가 가진 역학적 문제들을 해명할 수 있는 새로운 역학 체계를 정립하고자 노력했다. 그는 태양 중심 우주 체계를 뒷받침하는 역학 체계를 무기로 삼아 자연철학자들과의 논쟁에서 승리하고자 했다.

하지만 이러한 논쟁을 벌이기에는 수학 교수라는 그의 지위가 너무 낮았다. 갈릴레오는 대학교를 떠나 군주나 귀족의 후원을 받는 자연철학자가 되기를 간절히 원했다. 대학에서는 자연철학자가 될 수 없었지만, 궁정에서는 그것이 가능했다. 귀족 가문 소속의 자연철학자가 되어 대학교의 자연철학자들과 동등하게 논쟁하고, 코페르니쿠스 체계에 대한 자신의 주장을 마음껏 펼칠 수 있기를 바랐다.

당시에는 지식 생산의 중심지가 대학교가 아니라 궁정이었다. 왕실이나 귀족가의 후원을 받는 자연철학자들은 안정된 조건에서 자연을 연구할 수 있었다. 대신 자연철학자들은 새로운 지식을 알아내면 그 영광을 자신의 후원자에게 돌림으로써 그들의 명예를 드높였다.

갈릴레오가 자연철학자가 되고자 했던 데에는 사실 경제적인 이유도 있었다. 갈릴레오는 파도바 대학교에서 오랫동안 수학 교수로 있었는데, 수학 교수의 월급으로는 넉넉한 생활을 할 수가 없었다. 더군다나 여동생의 결혼 지참금을 친구들에게 빌려서 냈기 때문에 빚도 갚아 나가야 했다. 파도바 대학교에서 일하는 동안 갈릴레오는 하숙을 치거나, 컴퍼스 같은 도구를 만들어 팔거나 도구 사용법에 관한 팸플릿을 제작 판매해서 경제적 부족함을 메워야 했다.

이런 갈릴레오에게 궁정 자연철학자 자리는 학문적으로나 경제적으로나 반드시 필요했다. 갈릴레오는 당시 이탈리아의 토스카나 지방을 다스리던 메디치가의 후원을 절실하게 원했다.

15세기 르네상스 시대의 이탈리아는 지중해 무역의 중심지로서 상업과 화폐 경제가 발달했다. 정치적으로는 중세의 봉건제가 붕괴하면서, 각 지

◑ 16세기 이탈리아 당시 이탈리아는 크고 작은 다양한 공국으로 나뉘어 있었다. 색칠된 부분이 메디치가가 다스리던 토스카나 대공국이다.

역의 가장 유력한 가문이 그 지역을 지배하는 방식으로 지배 체제가 형성되어 있었다.

갈릴레오가 태어난 피사는 당시 토스카나 대공국에 속했다. 황제가 다스리면 제국, 왕이 다스리면 왕국으로 불리는 것처럼, 공국은 공작을 군주로 하는 지배 체제였다. 공국의 세력이 더 강해지면 대공국이라고 불렸다. 공작은 왕보다는 지위가 낮았지만, 공작이 지배하는 공국은 독립된 국가 형태를 띠고 있었다.

토스카나 대공국을 다스리던 가문이 바로 피렌체를 거점으로 하는 메디치가였다. 메디치가는 상업과 금융업으로 성장한 유력 가문이었고, 15세기경부터 피렌체의 실질적 지배자 역할을 했다. 그 과정에서 2명의 교황을

◎ **메디치 리카르디 궁전** 피렌체에 있는 메디치가의 궁전으로 1444년 착공해 1460년에 완성되었다. 1659년부터 리카르디 가문이 소유했다.

배출하기도 했다.

16세기에 메디치가를 정치적·군사적으로 성장시켜 토스카나 대공국의 강력한 통치자로 만든 사람이 코시모 1세이다. 1537년 코시모 1세는 18살의 나이로 피렌체 공작에 즉위했고, 1569년에는 토스카나 대공이 되었다.

메디치가는 정치 구도를 개편하고 행정 구조를 새로이 마련하면서 통치 기틀을 강화해 나갔다. 메디치가의 수장들은 통치의 정당성을 확보하기 위해, 군주 가문 자리를 호시탐탐 노리던 피렌체의 유력 가문들을 궁정의 유순한 관료로 길들였다. 또한 다양한 예술 기획으로 대공국 등장의 필연성을 강조했다. 메디치가는 유명 화가나 조각가, 건축가, 작가, 시인, 작곡가를 후원했고, 그 예술가들을 동원해 가문의 신화를 만들었다. 예술가

○ **코시모 2세** 토스카나 대공국의 대공이다. 어린 시절 갈릴레오의 제자였고, 1610년부터 갈릴레오를 후원했다.

들은 신화를 재해석해 메디치가의 주요 인물들을 그리스-로마 신과 연결했다. 메디치가의 역사를 신들의 역사와 비슷해 보이도록 각색했던 것이다. 메디치가에서 후원했던 대표적인 예술가로는 화가이자 조각가였던 미켈란젤로,《군주론》을 쓴 마키아벨리, 건축가 브루넬레스코 등이 있다.

갈릴레오가 태어난 1564년은 메디치가를 다스리던 코시모 1세의 지위가 공작에서 대공으로 승격되려고 하던 시기였다. 갈릴레오와 메디치가의 인연은 오래되었다. 그의 아버지 빈첸초 갈릴레이는 메디치가의 궁정 음악가였다. 또한 갈릴레오는 1605년부터 여름 방학을 이용해서 코시모 1세의 아들이자 미래의 코시모 2세인 코시모 데 메디치의 수학 가정 교사로 일했다. 그래서 갈릴레오는 궁정의 예절, 문화, 후원 체계 등에 익숙했다.

갈릴레오는 파도바 대학교가 아닌, 메디치가의 후원을 받으려고 시도했다. 1608년 제자인 코시모 2세가 혼인을 하자, 갈릴레오는 혼인 기념 메달에 넣을 문장(紋章)을 제안했다. 앞면에는 작은 철 조각들을 끌어당기는 지구 모양 자철광에 '사랑은 힘을 낳는다.'라는 글자를 새기고, 뒷면에는 코시모 2세의 초상과 함께 '세상은 거대한 자석'이라고 넣자는 제안이었다. 이 문장의 의미는 명확했다. 메디치가의 권력을 자석의 힘에 비유해 메디치가의 통치가 정당하고 자연스럽다는 의미를 담은 것이었다. 또한 코시모 2세의 절대 권력과 대중의 자발적 복종을 상징하기도 했다. 하지만 후원을 받기 위한 갈릴레오의 1차 시도는 실패하고 말았다. 코시모 데 메디치는 1609년에 토스카나의 대공 코시모 2세로 즉위했다.

그다음 해인 1610년 1월에 갈릴레오는 목성의 위성을 관측했다. 갈릴레오는 이 발견을 자신을 위해 어떻게 이용할 수 있을지 바로 알아챘다.

목성의 이탈리아어 이름은 로마 신화의 최고신 유피테르(그리스 신화의 제우스)에서 따왔다. 즉, 신화와 행성은 점성학적으로 서로 연결되어 있었다. 코시모(Cosimo) 1세의 이름은 우주(cosmos)를 뜻하고, 그를 상징하는 별은 최고신의 이름을 가진 목성이다. 코시모 1세에게는 아들이 4명 있었는데, 그중 첫째가 갈릴레오가 가르친 코시모 2세였다. 목성과 4개의 위성, 코시모 1세와 그의 네 아들. 메디치가에게 목성의 위성 발견은 신기한 볼거리를 넘어 더 큰 의미가 있었다. 목성의 위성 발견은 그 어떤 정치적 시도보다도 메디치 가문의 권력에 정당성을 부여했다. 메디치가가 토스카나 대공국을 다스리는 것이 하늘이 정해 준 운명임을 보여 준 것이다.

목성의 위성을 발견하고 조급해진 갈릴레오는 자신의 발견을 책으로 출판할 때까지 기다릴 수가 없었다. 그는 메디치가에 편지를 보내 자신의 발견을 먼저 알렸다. 갈릴레오는 메디치가로부터 "초자연적인 지식의 새로운 증거에 매우 놀랐다."라는 답변을 받고 다시 편지를 썼다.

> 저는 새로 관측한 것을 모든 철학자들과 수학자들에게 발표하고자 합니다. 그러나 그 전에 먼저 대공 전하의 허가를 받고자 합니다. 신께서는 그러한 특별한 징조를 통해, 코시모 대공 전하의 영광스러운 존함이 별들과 영원토록 더불어 하고자 하는 저의 소망을 이루고 전하께 헌신할 수 있도록 은혜를 베풀어 주셨습니다. 새로운 행성의 최초 발견자로서 저는 그 별들에 이름을 붙일 권리가 있으므로, 저는 당대에 가장 위대한 영웅들의 이름을 별에 붙여 준 고대 현인들의 관습에 따라 그 행성들에 코시모 대공 전하의 이름을 붙이고자 하온데, 다만 이 별들을 모두 대공 전하의 이름을 따서 '코시모 별(Cosmian)'로 부를 것인지, 아니면 별들이 정확히 4개이므로 이들을 네 형제에 나누어 드려서 '메디치가의 별(Medicean Stars)'이라고 부를 것인지 아직 결정을 내리지 못하고 있습니다.
>
> – 갈릴레오 갈릴레이,《시데레우스 눈치우스》
>
> (장헌영 옮김,《갈릴레오가 들려주는 별 이야기》, 42~43쪽)

갈릴레오는 목성의 위성을 발견한 지 9주 만에 자신의 발견을 모아《시데레우스 눈치우스》를 출판했다. 시데레우스는 별을, 눈치우스는 소식 또는 전령을 뜻한다. 당시 많은 학술 서적들이 라틴어로 쓰였던 것과는 달리 이 책은 이탈리아어로 쓰였기 때문에 대중적으로도 큰 인기를 끌었다.

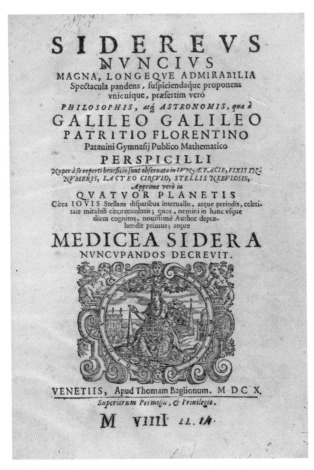

○ 《시데레우스 눈치우스》 갈릴레오가 1610년에 출간한 이 책은 천문학의 대중화를 이끌었다. 표지에는 다음과 같은 말이 적혀 있다. '위대하고 경이로운 광경을 펼쳐 보이는 시데레우스 눈치우스. 피렌체의 귀족이자 파도바 대학교의 수학 교수인 갈릴레오 갈릴레이가 최근 몸소 제작한 망원경으로 관측한 것들을 철학자와 천문학자를 비롯한 모든 이에게 밝히는 책. 달의 표면, 무수히 많은 붙박이별들, 은하수, 성운으로 보이는 별들, 특히 이제까지 그 누구에게도 알려지지 않았다가 얼마 전 갈릴레오가 최초로 발견해 메디치가의 별이라 명명한 공전 주기가 서로 다르며 놀랍도록 주기가 짧은 목성 별 주위를 도는 4개의 행성에 대한 이야기.'(장헌영 옮김, 《갈릴레오가 들려주는 별 이야기》, 60쪽)

《시데레우스 눈치우스》는 코시모 2세에 대한 찬양과 그에게 목성 위성 발견의 공을 바친다는 내용으로 시작된다. 이어지는 본문에서 갈릴레오는 자신의 발견이 얼마나 새롭고 탁월한지를 강조한 뒤에, 망원경의 원리를 설명한다. 그리고 달, 붙박이별, 목성의 위성에 관한 내용이 뒤에 이어진다. 책의 대부분은 달과 목성에 관한 내용으로 채워졌다. 갈릴레오는 만일에 있을 논쟁에 대비해 '달에도 많은 산이 있다면 왜 달의 윤곽은 톱니처럼 우툴두툴하게 보이지 않고 매끈한가?', '달의 산들은 얼마나 높을까?'와 같은 질문을 던지고 답함으로써 논증을 강화했다.

1610년 3월 19일, 갈릴레오는 자신이 목성을 발견하는 데 썼던 망원경과 책을 메디치가에 보냈다. 망원경을 함께 보낸 이유는 자신의 발견이 진실임을 확신시키기 위해서였다.

《시데레우스 눈치우스》의 서문에는 다음과 같은 내용이 적혀 있다.

탁월한 인간들이 자신의 이름을 영원히 기리기 위해, 조각상을 만들거나 피라미드를 올리거나 위대한 인물의 이름을 딴 도시를 세우거나 혹은 나아가 노래나 문자로 남겨 두려고 하지만, 이는 모두 지상의 것에 지나지 않으며 세월이 지나면 모두 잊히고 없어진다. 따라서 인간은 위대한 업적을 이룬 사람들의 이름을 따서 별의 이름을 지음으로써 별빛이 사라지지 않는 한 영원히 그들의 이름을 기억하려고 한다. 하지만 원시 영웅들이 별들을 다 차지해 버려서 더 이상 영웅의 이름을 별의 이름으로 붙일 수가 없었다.

-갈릴레오 갈릴레이, 《시데레우스 눈치우스》

(장헌영 옮김, 《갈릴레오가 들려주는 별 이야기》, 63~64쪽 정리)

이어서 갈릴레오는 코시모 2세가 즉위해 "불멸의 영혼인 전하의 은총이 지상을 밝히기 시작하자, 전하의 더없이 훌륭한 미덕을 밝히고 기리기 위해 하늘에서 밝은 새 별들이" 나타났다고 썼다. 갈릴레오는 메디치가의 영광이 영원하기를 바라면서, 자신이 발견한 목성의 위성에 '메디치가의 별'이라는 이름을 붙였다.

> 전하의 찬란한 이름을 기리기 위해서 여기 4개의 별이 예비되어 있습니다. 이 별들은 너무 흔해서 주목할 만한 것이 못되는 평범한 붙박이별(항성)이 아니라, 참으로 빛나는 떠돌이별인데, 이 별은 그중에서 가장 우아한 목성 둘레를 놀라울 만큼 빠른 속도로 돌고 있습니다. 이 별들은 한 집안의 아이들처럼 서로 다른 궤도 운동을 하며 목성 둘레를 도는데, 한편으로는 상호 조화 속에서, 목성과 더불어 12년에 한 번씩 세상의 중심, 곧 태양 둘레를 크게 공전합니다. 실은 이 별들을 처음 발견했을 때, 별들의 창조주께서 저에게 새로운 이 별들을 다른 모든 이들 앞에서 전하의 찬란한 이름을 따서 명명하라고 명백히 충고하는 듯 했습니다.
>
> ―갈릴레오 갈릴레이,《시데레우스 눈치우스》
>
> (장헌영 옮김,《갈릴레오가 들려주는 별 이야기》, 65쪽)

메디치가의 후원을 받기 위한 갈릴레오의 전략은 여기에서 끝나지 않았다. 갈릴레오는 '메디치가의 별'을 바치면서 이에 대해 어떠한 대가도 요구하지 않았다. 그는 메디치가의 운명을 매개하는 사심 없는 사자로 자신을 이미지화했다. 메디치가는 목성의 위성이 메디치가에 자기 모습을 드러낸 것이 일종의 운명이라면, 그것을 중재해 낸 갈릴레오의 신분도 그에 걸맞아야 한다고 생각했다.

1610년 4월 초, 갈릴레오의 목성 발견이 진실임을 눈으로 직접 확인한 코시모 2세는 갈릴레오에게 궁정 자연철학자 자리를 제안했다. 경제적인 측면에서의 막대한 후원도 약속했다. 마침내 1610년 9월, 갈릴레오는 메디치가의 자연철학자 겸 수학 교수라는 직함을 얻어 피렌체로 돌아왔다. 그는 1633년 로마 교황청에 의해 유죄 판결을 받고 가택 연금에 처하기 전까지 약 20년 동안, 메디치가의 자연철학자이자 코페르니쿠스주의자로서 태양 중심설을 옹호하면서 대학교의 자연철학자들과 격렬한 논쟁을 계속했다.

천문학 지식이 망원경과 함께 유럽 전역에 퍼지다

갈릴레오의 새로운 발견에 관한 소문은 빠른 속도로 전 유럽으로 퍼져 나갔다. 3월에 《시데레우스 눈치우스》가 출판되자 유럽 지식인들은 갈릴레오의 주장을 직접 접할 수 있게 되었다. 갈릴레오는 일약 유럽 학계의 유명 인사가 되었다.

지식인들은 갈릴레오의 발견에 대해 다양한 반응을 보였다. 그중 가장 논란이 되었던 것은 '망원경이 과연 현실을 제대로 보여 주는 도구인가', 그리고 '망원경을 이용해 얻은 관찰 결과를 증거로 받아들일 수 있을 것인가'에 대한 것이었다. 갈릴레오의 발견이 코페르니쿠스 체계를 증명할 수 있는 것은 아니었다. 그러나 아리스토텔레스의 우주 체계에 심각한 손상을 줄 수는 있었기 때문에 망원경의 적합성을 둘러싼 논란은 쉽게 가라앉지 않았다.

갈릴레오는 가장 성능이 뛰어난 망원경을 자신의 책과 함께 유럽의 권력자들에게 보냈다. 권력자들과 천문학자들이 자신의 눈으로 자신의 발견을 확인하게 만들기 위해서였다. 그중 한 사람이 당시 신성 로마 제국에서 루돌프 2세의 후원을 받던 케플러였다. 케플러는《시데레우스 눈치우스》를 읽은 다음《별의 전령과 나눈 대화》라는 책을 썼는데, 이 책에서 그는 갈릴레오의 발견을 흔쾌히 수용한다고 밝혔다. 왕실 수학자이자 명망 있는 천문학자였던 케플러의 지지는 갈릴레오의 관측 결과에 권위를 부여했다.

1610년 9월 말에 갈릴레오의 친구가 목성의 위성을 직접 관찰한 이후로 유럽 전역에서 목성의 위성을 관측했다는 신뢰할 만한 제보가 쏟아져 나왔다. 목성의 위성은 곧 영국과 프랑스에서도 관측되었고, 독일에서도 볼 수 있었다. 목성에 위성이 존재한다는 것은 기정사실로 받아들여졌다. 이는 곧 망원경으로 관찰한 결과도 신뢰할 만한 지식으로 인정받았다는 의미였다.

갈릴레오는 목성 위성과 관련된 논쟁의 태풍 속에서도 천체 관측을 계속했다. 그는 1610년 7월 말, 망원경으로 토성을 관찰하기 시작했다. 그런데 망원경으로 본 토성은 목성이나 다른 행성들과 달리 원 모양이 아니었다. 토성은 하나의 별이 아니라 서로 거의 닿을 듯이 나란히 붙어 있는 3개의 별이었던 것이다. 목성의 위성과는 달리 이 3개의 별은 서로 자리를 바꾸지도 않았고 모습이 변하지도 않았다. 가운데 있는 별이 옆의 두 별보다 약 3배 정도는 더 커서 마치 토끼의 귀처럼 보였다. 갈릴레오가 토성 양옆의 작은 별이라고 생각한 것은 사실 토성의 테였다. 갈릴레오는 당대 최고 성능의 망원경으로 3년이 넘는 기간 동안 토성을 관찰했지만, 그래도 토성의 테까지 알아보기는 어려웠던 것이다.

토성에 붙은 위성처럼 보이는 별이 사실은 토성을 둘러싼 원반형 고리라는 것은 그로부터 약 50년 후인 1665년에야 밝혀졌다. 네덜란드의 수학자이자 물리학자, 천문학자인 크리스티안 하위헌스(Christiaan Huygens, 1629~1695)가 망원경 관측으로 이 사실을 최초로 알아냈다. 1675년에는 이탈리아의 천문학자 장 도미니크 카시니(Jean Dominique Cassini, 1625~1712)가 토성의 고리가 하나가 아니라 여러 개이며, 고리들 사이에 넓은 간격이 있음을 알아냈다. 오늘날 토성의 고리는 크고 작은 얼음 덩어리가 모여서 형성되었다고 알려져 있다.

갈릴레오는 1610년 10월부터 금성의 모양이 어떻게 변하는지 관찰했다. 달, 은하수, 목성의 위성 등은 굉장한 발견이기는 했지만 아리스토텔레스-프톨레마이오스 체계를 부정하고 코페르니쿠스 체계를 지지하는 직접적인 증거라고는 할 수 없다. 이에 반해 금성의 위상 변화는 아리스토텔레스-프톨레마이오스 체계가 틀렸음을 보여 줄 수 있는 결정적인 증거였다.

태양이 지구 주위를 돌고 금성이 태양과 지구 사이에 놓인 아리스토텔레스-프톨레마이오스 체계에서는 금성이 항상 눈썹 모양으로 보여야 한다. 하지만 코페르니쿠스 체계에서는 금성과 태양, 지구의 위치가 변함에 따라 금성의 모양이 달리 보일 것이다. 갈릴레오는 시간 간격을 두고 금성을 관측했고, 그 결과 자신이 예상했던 대로 위상이 크게 변하는 것을 볼 수 있었다.

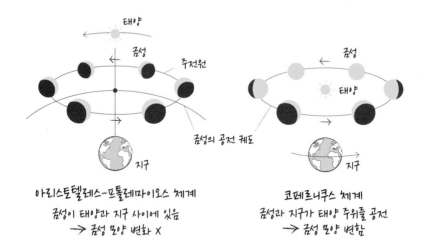

아리스토텔레스-프톨레마이오스 체계
금성이 태양과 지구 사이에 있음
→ 금성 모양 변화 X

코페르니쿠스 체계
금성과 지구가 태양 주위를 공전
→ 금성 모양 변함

사실 금성의 변화는 코페르니쿠스 체계와 수학적으로 동등한 수준이라고 인정받았던 튀코 체계에서도 충분히 설명된다. 튀코 체계에서도 태양과 지구와 금성이 코페르니쿠스 체계와 동일한 위치에 놓이기 때문이다. 하지만 코페르니쿠스주의자였던 갈릴레오는 튀코 체계는 무시한 채 금성의 위상 변화가 코페르니쿠스 체계를 증명하는 근거라고 확신했다.

망원경을 이용해 우주의 비밀을 풀고자 하는 갈릴레오의 노력은 계속되었다. 1611년 4월, 갈릴레오는 로마에 머물면서 여러 사람들에게 태양의 흑점을 보여 주었다. 흑점은 태양이 자전한다는 사실을 뒷받침하는 증거였다. 태양의 자전을 보면서 지구 자전의 가능성도 진지하게 고려하게 했다는 점에서 흑점의 발견은 중요한 의미를 가지고 있었다.

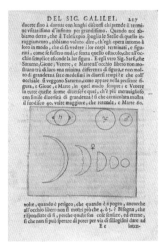

DEL SIG. GALILEI. 217
ducete fino à damnar con lunghi difcorfi chi pretende il termi-
ne vftatiffimo d'infinito per grandiffimo. Quando noi ab-
biamo detto, che il Telefcopio fpoglia le Stelle di quello ir-
raggiamento, e abbiamo voluto dire, ch'egli opera intorno à
loro in modo, che ci fà vedere i lor corpi terminati, e figu-
rati, come fe fuffero nudi, e fenza quello oftacolo, che all'oc-
chio femplice afconde la lor figura. E egli vero Sig. Sarfi, che
Saturno, Gioue, Venere, e Marte all'occhio libero non mo-
ftrano trà di loro vna minima differenza di figura: e non mol-
to di grandezza feco medefimi in diuerfi tempi? e che coll'
occhiale fi veggono Saturno, come appare nella prefente fi-
gura, e Gioue, e Marte, in quel modo fempre; e Venere
in tutte quefte forme diuerfe e quai, ch'è più merauigliofo
con fimile diuerfità di grandezza? fi che la cornicolata moftra
il fuo difco 40. volte maggiore, che rotonda, e Marte 60.

volte, quando è perigeo, che quando è à pogeo, ancorche
all'occhio libero non fi moftri più che 4. ò 5. è Bifogna, che
rifponderte di fi, perche quefte fon cofe fenfate, ed eterne,
fi che non fi può fperare di poter per via di fillogifmi dare ad
E e inten-

◎ **갈릴레오의 금성 기록** 갈릴레오는 금성의 위상 변화를 관측했다. 이 발견은 아리스토텔레스–프톨레마이오스 체계의 폐기로 이어졌다.

흑점은 태양마저도 완벽하지 않음을 보여 주는 강력한 근거이기도 했다. 갈릴레오가 태양의 흑점을 보여 주며 천체의 불완전성을 논하자, 많은 자연철학자는 태양이 불완전할 리 없으며, 흑점은 지구와 태양 사이에 놓인 또 다른 천체일지도 모른다고 주장했다. 이에 갈릴레오는 실제 관측 결과를 보고 태양의 성격을 규정해야지 그와 반대로 태양이기 때문에 완벽하다고 생각하는 것은 옳지 못하다고 반박했다.

갈릴레오는 이처럼 망원경을 이용해 달, 은하수, 목성의 위성, 토성, 금성의 모양 변화, 태양의 흑점 변화 등을 관찰해 태양계와 우주에 대한 비밀을 풀어 나갔다. 케플러의 수학적인 천문학이 고도로 전문적인 훈련을 받은 천문학자들에게만 설득력 있게 다가갔다면, 갈릴레오의 관측 결과들은 점점 더 많은 일반인들을 코페르니쿠스 체계로 끌어들였다. 갈릴레오 이전까지의 천문학은 천문학자들만의 영역에 속해 있었지만, 망원경

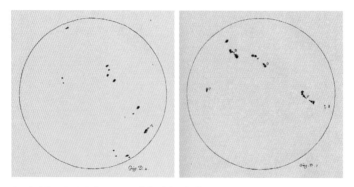

❍ **갈릴레오의 태양 흑점 기록** 당대 사람들은 흑점이 태양 주위의 행성이라고 믿었다. 하지만 갈릴레오는 흑점이 규칙적으로 움직이고 밝기가 변한다는 점을 들어 태양 표면에 있다고 주장했다.

이 보편화되면서 천문학은 대중적으로 퍼지기 시작했다.

천문학이 대중화되자 코페르니쿠스 체계를 반대하는 사람들 사이에 위기감이 조성되었다. 코페르니쿠스의 태양 중심 우주 체계가 처음 등장했을 때, 사람들은 그것이 천체들의 움직임을 계산하는 수학적 도구에 불과하다고 여겼기 때문에 무시할 수 있었다. 케플러의 타원 궤도 모형이 등장했을 때도 그의 이론이 복잡했기 때문에 사람들이 수용하기까지는 시간이 필요했다. 하지만 갈릴레오의 망원경 관측 결과들은 보다 강력하게 코페르니쿠스 체계가 물리적으로 실재한다고 말하고 있었다.

학문적으로 갈릴레오의 반대편에 있던 자들 중 일부는 망원경이 보여주는 모습은 환상이라고 주장하기도 했고, 갈릴레오의 망원경 관측 결과가 아무것도 증명하지 못한다는 것을 근거로 코페르니쿠스 체계를 비판하기도 했다. 그럼에도 갈릴레오의 연구 결과와 코페르니쿠스 체계는 계속 퍼져 나갔다.

<u>망원경을 이용한 갈릴레오의 발견</u>

달에도 산과 골짜기가 있음

별들이 아주 멀리 있음 → 연주 시차가 관측되지 않음

육안으로 보이는 별 사이에 무수히 많은 별이 있음

은하수는 별의 모임

목성의 네 위성 발견

토성의 옆에 다른 별이 붙어 있음(토성 고리 인지)

금성의 모양이 달라짐

태양에는 흑점이 있고 흑점의 모양은 계속 변함

코페르니쿠스의 천문학 혁명, 지식의 출발점이 되다

망원경을 이용한 자신의 발견들이 코페르니쿠스 체계를 지지하는 근거라고 믿어 의심치 않았던 갈릴레오는 코페르니쿠스 체계의 역학적인 문제들을 연구했고, 그 결과를 1632년에 출판한 책 《세계의 두 체계에 관한 대화》(이하 《대화》)에 담았다.

《대화》는 코페르니쿠스주의자인 살비아티, 아리스토텔레스주의자인 심플리치오, 그리고 중립적인 입장에서 사회를 보는 사그레도, 세 사람이 4일 동안 지구의 공전을 포함한 여러 주제에 관해 토론하는 형식으로 진행된다. 이 세 사람은 첫째 날에는 달의 생김새와 같은 천문학적 현상을, 둘째 날에는 지구의 자전을, 셋째 날에는 지구의 공전을 논하고, 마지막 날에는 밀물과 썰물, 즉 조석 현상을 다룬다. 이 중에서 갈릴레오가 가장 중요하게 여겼던 주제는 조석 현상이었다.

갈릴레오가 일찍부터 코페르니쿠스 체계를 수용했던 가장 중요한 이유도 바로 이 조석 현상이었다. 그는 지구가 우주의 중심에 정지해 있다면, 조석 현상을 설명할 수 없다고 생각했다. 《대화》에서 갈릴레오는 지구의 자전과 공전 속도 차이, 그리고 관성 개념을 이용해 조석 현상을 설명했다.

갈릴레오는 《대화》의 도입부에 코페르니쿠스 체계를 수학적 가설로만 다룰 것이고, 두 체계의 장단점을 공정하게 논하겠다고 적었다. 하지만 애초의 약속과는 달리 이 책은 눈에 띄게 코페르니쿠스 체계를 지지하고 있었다. 결국 《대화》는 불온서적 혐의를 받고 금서 목록에 포함되고 말았다. 다음 해 1633년 갈릴레오는 종교 재판에 회부되었고, 가택 연금형에 처했다. 그리고 갈릴레오에 대한 메디치가의 후원도 끊겼다.

갈릴레오의 망원경은 천문학을 혁명적으로 변화시켰다. 망원경이 가져다준 천문학 자료는 이전 세대의 육안 관측 자료와는 질적으로 달랐다. 갈릴레오가 활동하던 과학 혁명 시기에는 이처럼 새로운 지식을 만들어 내는 데 새로운 도구들이 큰 역할을 했다. 갈릴레오의 망원경은 신이 만든 우주의 비밀에 한 걸음 더 나아갈 수 있게 해 준 새로운 과학 도구였다.

17세기 중반이 되면, 대부분의 천문학자들이 코페르니쿠스 체계를 지지하게 된다. 17세기 말에는 대학교에서 아리스토텔레스-프톨레마이오스 천문학, 튀코 브라헤의 천문학, 그리고 코페르니쿠스의 천문학을 나란히 가르칠 정도로 코페르니쿠스의 권위가 상승했다. 아리스토텔레스-프톨레마이오스의 천문학이 보수성을 상징했다면, 코페르니쿠스의 천문학은 변혁과 근대정신의 상징이 되어 갔다. 마침내 18세기에 이르면 대학교에서는 코페르니쿠스의 태양 중심 우주 체계만을 가르쳤다.

오늘날 우리가 알고 있는 우주는 코페르니쿠스의 우주와는 비교할 수 없을 정도로 커지고 복잡해졌다. 하지만 우주에 관한 오늘날의 지식이 코페르니쿠스의 천문학 혁명으로부터 시작되었다는 것에 의심을 품을 사람은 많지 않을 것이다.

갈릴레오의 천문학적 발견들이 코페르니쿠스 체계를 뒷받침하는 결정적인 증거라고는 할 수 없다. 하지만 그의 관측 자료들은 최소한 아리스토텔레스-프톨레마이오스 체계가 틀렸음은 명확하게 증명했다. 후대 천문학자들은 갈릴레오의 자료를 바탕으로 고대부터 이어져 왔던 우주론을 부정하고 코페르니쿠스 체계를 수용했다. 이들은 갈릴레오보다도 더욱더 정확한 자료를 이용해 우주의 비밀에 다가서고자 노력했고, 지금도 그러한 노력을 계속하고 있다.

또 다른 이야기 | 첨성대는 천문대였을까, 상징물이었을까? ⋯⋯⋯⋯⋯

《삼국유사》에 의하면 첨성대는 7세기 신라 선덕여왕 때 쌓았다. 신라가 멸망하고 나서 오랫동안 잊혔던 첨성대를 중요한 유물로 만드는 데는 일본의 기상학자 와다 유지(和田雄治, 1859~1918)가 큰 역할을 했다. 대한 제국의 관측소 기사였던 그는 1917년에 첨성대를 동양에서 가장 오래된 천문대라고 학계에 보고했다. 이후 첨성대는 경주 여행의 필수 코스가 될 만큼 유명해졌다.

첨성대의 역할은 무엇이었을까? 가장 오래된 가설은 첨성대가 별을 관측하던 천문대였다는 것이다. 이를 주장하는 학자들은 고려나 조선 시대에 쓰인 역사책에 첨성대가 천문대로 기록되어 있을 뿐만 아니라, 첨성대가 세워진 이후 신라에서 천문 관측 기록이 상당히 늘어났다는 점을 근거로 든다.

첨성대가 천문 관측 시설이 아니었다는 의견도 있다. 그중 하나는 첨성대가 제단이었다는 것이다. 하지만 이 견해는 첨성대 건축 이후 새로 생긴 제사에 대한 기록이 없어 반대에 부딪혔다. 선덕여왕이 풍수지리에 따라 경주의 북동쪽에 세운 황룡사 9층 석탑과 균형을 맞추기 위해 서남쪽에 첨성대를 지었다는 가설도 있는데, 이 가설은 증거 부족이라는 비판을 받는다. 이 외에도 해시계였다는 이야기도 있고, 첨성대의 모양이 불교 우주관에서 말하는 수미산과 같다는 견해도 있다.

첨성대가 수학적인 상징물이라는 가설도 있다. 첨성대의 돌은 약 365개이다. 첨성대는 꼭대기까지 합하면 28단인데, 28은 당시 알려진 별자리 수이다. 또 첨성대는 중앙 창문을 기준으로 상단 12단과 하단 12단이 나뉘는데, 이는 1년 12달 24절기를 나타낸 것으로 볼 수도 있다. 이처럼 첨성대에서는 상징적인 숫자들을 찾을 수 있다.

고대 국가에서는 농사 시기를 알기 위해 하늘을 연구했다. 또한 천체 현상을 정치에 반영함으로써 왕이 하늘의 뜻을 살피고 있음을 보여 주고 왕권을 강화하기 위해 천문학을 발전시켰다. 첨성대에도 그런 목적이 숨겨져 있었을 것이다.

16~17세기에 유럽의 식자층에서는 고대의 지식을 대체할 지식을 찾으려는 시도가 활발하게 이루어졌다. 이 시기 동안 망원경이나 현미경과 같은 새로운 과학 도구들이 만들어졌고, 이 도구들은 새로운 지식 생산에 크게 기여했다.

갈릴레오는 1609년 초겨울부터 천체 망원경을 이용해 하늘을 관측하기 시작했다. 갈릴레오가 처음 관찰한 것은 달로, 표면이 울퉁불퉁했다. 이는 천체가 완벽하다는 아리스토텔레스의 생각에 반하는 발견이었다. 한편 행성은 망원경으로 볼 때 크기가 엄청나게 커졌지만, 별은 망원경으로 관찰했을 때나 육안으로 관찰했을 때나 그 크기가 비슷했다. 이로써 갈릴레오는 별들이 엄청나게 멀리 있으며 이는 우주의 크기가 무한히 크다는 것을 의미한다고 결론 내렸다. 그는 은하수가 엄청나게 많은 별의 모임이라는 것을 알아냈으며, 별자리 사이에 수많은 별이 존재한다는 것도 알아냈다.

1610년 1월 갈릴레오는 목성의 위성을 관찰했다. 목성 위성의 발견은 지구만이 위성을 가지고 있는 것은 아니며, 따라서 지구가 우주에서 특별한 지위에 있지 않다는 것을 말해 주었다. 갈릴레오는 목성 위성 발견의 영광을 당시 토스카나 지방을 다스리던 메디치 가문에 바쳤고, 메디치 가문의 자연철학자로 신분이 상승했다. 자연철학자로서 갈릴레오는 코페르니쿠스 체계를 적극적으로 옹호했다.

갈릴레오는 토성의 고리를 처음으로 관측했고, 금성의 위상 변화와 태양의 흑점 등을 관측하면서 아리스토텔레스-프톨레마이오스 체계를 폐기하는 데 중요한 역할을 했다. 갈릴레오의 천문학적 발견은 일반 대중에게 친숙하게 다가갔고, 천문학의 대중화를 이끌었다.

Chapter 5

지구는 어떻게
이런 모양이 되었을까?

판 구조론

우리는 대답을 거부하는 피고인을 마주한 판사와 같다.
정황 증거를 통해서 진실을 파악해야 한다.
- 알프레트 로타어 베게너 -

지구는 어떻게 생겼을까? 지표면과 지구 안쪽의 모습은 서로 같을까, 다를까? 지각은 어떤 과정을 거쳐 오늘날의 모습을 갖추었을까? 사람들은 우주의 모습만큼이나 우리가 살고 있는 이 지구의 생김새도 궁금해했다.

15세기에 대항해 시대를 거치면서 유럽인들은 세계 각 지역으로 진출했다. 아메리카 대륙에 도달한 유럽인들은 새로운 사실을 알아냈다. 아메리카의 동쪽 해안선이 유럽-아프리카의 서쪽 해안선과 모양이 유사했던 것이다. 19세기에는 멀리 떨어진 두 대륙에서 같은 종류의 생물 화석이 발견되었다. 여러 대륙에 있는 빙하 흔적이 모두 남극을 중심으로 연결되어 있다는 사실도 알려졌다. 이 발견들을 근거로 먼 옛날 지구에는 하나의 대륙만이 있었다는 주장이 등장했다. 독일 출신의 지구물리학자이자 기상학자였던 알프레트 로타어 베게너는 대륙들이 서서히 이동해 현재와 같은 모습으로 변했다는 '대륙 이동설'을 내세웠다. 그러나 대륙 이동설은 오랫동안 받아들여지지 않았다.

제2차 세계 대전을 전후로 해저 연구가 활발해지자 대륙 이동설을 뒷받침하는 자료들이 발견되었다. 학계는 1960년대 들어서야 대륙 이동설을 인정했다. 대륙 이동설은 맨틀 대류설, 해저 확장설과 결합해 '판 구조론'으로 정립되었다. 판 구조론은 지구의 표면이 두께 약 100km의 여러 판으로 나뉘어 있으며, 판들이 계속 움직인다는 이론이다. 오늘날에는 판 구조론을 기반으로 지진이나 화산 정보를 얻고, 산호초의 진화 과정이나 천연자원의 위치를 밝히기도 한다.

남아메리카와 아프리카가 퍼즐처럼 맞춰지다

1492년 8월, 황금과 향신료 교역로 확보 임무를 짊어지고 스페인의 팔로스를 출발한 크리스토퍼 콜럼버스는 유럽인 최초로 아메리카 대륙에 발을 디뎠다. 항해에 나선 지 2달 만이었다.

유럽인들은 다양한 방식으로 새로운 세계에 열광했다. 어떤 이들은 새로운 대륙에서 금을 캐 부를 얻고자 했고, 어떤 이는 선교 활동을 펼쳐 하나님의 말씀을 전하고자 했으며, 순수한 탐구 정신으로 새로운 대륙의 자연물을 연구하는 이들도 있었다. 새로운 세계를 다녀온 사람들이 전해 주는 각종 정보는 세계 지도를 제작하는 데 큰 도움이 되었고, 아메리카 대륙의 전체적인 모습도 서서히 드러났다.

새로운 대륙의 모습을 담은 세계 지도가 비교적 정확하게 만들어지자, 누가 보아도 명확한 점이 드러났다. 남아메리카의 동쪽 해안선과 아프리카의 서쪽 해안선이 조각 퍼즐처럼 서로 꼭 맞아 들어간다는 사실이었다.

현재 벨기에에 속하는 안트워프 출신의 지도 제작자 아브라함 오르텔리우스(Abraham Ortelius, 1527~1598)는 1570년에 출판한 지도책에서 두 대륙이 한때 붙어 있었으나 지진과 홍수로 아메리카가 유럽-아프리카에서 떨어져 나갔다는 의견을 피력했다. 대륙 이동에 관한 최초의 기록이었다.

영국의 철학자 프랜시스 베이컨(Francis Bacon, 1561~1626)은 사물 각각의 특성들 사이의 공통점을 찾아내고 이를 통해 자연의 통일성을 아는 것이 중요하다고 여겼다. 그는 1620년 출간한《노붐 오르가눔》에서 대륙들의 해안선이 닮은 현상은 우연이 아니라고 주장했다. 그러나 대륙들이 붙어 있다가 떨어져 이동했다는 가설은 20세기 이전까지 큰 주목을 받지 못했다.

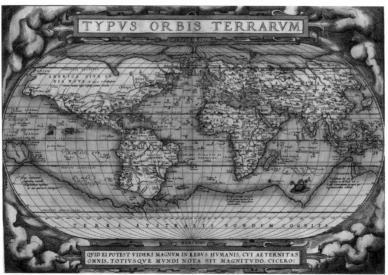

○ **16세기 세계 지도** 각각 1529년(위)와 1570년(아래)에 그려진 세계 지도이다. 16세기 초에 아메리카의 동쪽 해안이 드러났고, 40년 뒤에는 전체 해안선을 그릴 수 있게 되었다. 아메리카의 동쪽 해안 모양과 유럽·아프리카 서쪽 해안 모양이 유사하다.

○ 펠레그리니의 그림 펠레그리니는 세계가 창조되었을 때 남아메리카와 아프리카가 붙어 있었다고 주장했다.

그렇다고 해서 대륙 이동에 관한 관심이 완전히 사라진 것은 아니었다. 독일의 자연학자이자 식물학자, 지리학자인 알렉산더 폰 훔볼트(Alexander von Humboldt, 1769~1859)를 예로 들 수 있다. 자연의 다양성 속에서 보편적 법칙을 찾고자 노력했던 그는 1799년과 1804년 사이에 남아메리카를 탐험하면서 지리적 요인과 동식물 분포 사이의 관계를 알아내고자 했다. 그 결과 그는 남아메리카와 유럽의 식생 분포에 공통점이 나타나는 것을 보고 두 대륙이 한때 붙어 있었다고 생각하기에 이르렀다.

1858년에 프랑스의 지리학자였던 안토니오 스니데르 펠레그리니 (Antonio Snider-Pellegrini, 1802~1885)도 지도책《천지 창조와 그 벗겨진 신비》에서 고생대(5억 8,000만 년 전~2억 4,500만 년 전)에 모든 대륙이 하나로 붙어 있었다고 주장했다. 그의 주장에 따르면 신이 처음에 대륙이 모두 붙은 모양으로 창조했으나, 창조 6일째 되는 날 지구 내부에서 일어난 거대한

◉ **알프레트 로타어 베게너** 다양한 근거 자료를 바탕으로 대륙 이동설을 주장했다.

폭발로 땅이 갈라졌다. 그는 두 대륙이 갈라질 때 지구 속에서 솟아오른 물이 유럽 쪽으로 흘러넘쳐 노아의 홍수가 일어났다고 설명하기도 했다.

간헐적으로 등장하던 대륙 이동에 관한 단상들을 과학적 담론으로 끌어낸 과학자는 독일의 기상학자이자 지구물리학자, 극지 연구가였던 알프레트 로타어 베게너(Alfred Lothar Wegener, 1880~1930)였다. 그는 판 구조론으로 이어질 '대륙 이동설'을 주창해 지구 역사에 대한 이해에 혁명적 변화를 가져올 계기를 마련했다.

베게너는 독일 베를린에서 태어났다. 그는 어렸을 때부터 그린란드를 거쳐 북극을 탐험하기를 꿈꾸었다. 베게너는 천문학을 전공으로 선택해 1905년에 천문학 박사 학위를 받았지만, 곧 자신의 관심을 기상학으로 돌렸다. 베게너는 프로이센 항공 관측소에 취직해 상층 대기의 움직임을 연구했다.

1906년, 베게너는 덴마크 정부의 그린란드 탐험대에 기상학자로 참여함으로써 자신의 어릴 적 꿈에 한 발 다가섰다. 그는 그린란드에서 지내는

2년 동안 기상, 천문, 빙하 등을 관측했다. 1908년에는 그린란드에서 돌아와 마르부르크 대학교의 물리학 연구소에서 대기 열역학을 공부하며 학생들을 가르치기 시작했다.

베게너가 대륙 이동에 관심을 두기 시작한 것은 1910년 무렵이었다. 그는 세계 지도를 보다가 대서양을 사이에 두고 마주 보는 두 대륙의 해안선 모양이 일치한다는 것을 깨달았다. 다음 해 가을, 베게너는 마르부르크 대학교 도서관에서 논문 하나를 발견했다. 먼 옛날에는 남아메리카 대륙과 아프리카 대륙 사이에 육교가 있었을 것이라는 내용을 담은 논문이었다. 바로 이때부터 베게너는 대륙이 이동한다는 가설을 본격적으로 발전시키기 시작했다.

뜨거웠던 지구가 식으면서 대륙과 바다가 생겼다고?

17세기 이후부터 20세기 중반까지 지질학자들은 지각과 해양의 형성 과정을 설명하기 위해 '지구 수축설(Contraction Theory)'이라는 이론을 받아들였다. 지구 수축설에 따르면 태초에는 지구가 매우 뜨거웠기 때문에 모든 것이 녹아 있었지만, 이후 지구가 냉각되면서 점차 수축해 산맥이나 바다가 만들어졌다. 마치 사과가 마르면 주름이 생기는 것처럼, 지구도 수축하면서 표면에 주름이 잡혔고, 이에 따라 지표에 높낮이가 생겼다는 이론이었다. 지구 수축설은 지각이 수직 방향으로만 움직인다는 생각에 기반을 두고 있었다.

지구 수축설을 견고한 이론으로 발전시킨 사람은 미국의 광물학자이자 지질학자였던 제임스 드와이트 데이나(James Dwight Dana, 1813~1895)였다. 데이나는 지구가 식으면서 낮은 온도에서 만들어진 석영과 장석이 대류 지각을 만들었고, 높은 온도에서 만들어진 감람석과 휘석은 해양 지각이 되었다고 추측했다. 감람석과 휘석은 석영과 장석보다 무겁고, 실제로 해양 지각에서는 주로 감람석과 휘석이 발견된다. 이 때문에 데이나의 주장은 상당히 설득력 있는 것으로 여겨졌다. 또 데이나는 지구가 수축할 때 대륙과 해양의 경계 부분에 힘이 많이 가해지기 때문에 해안 근처에 로키산맥이나 안데스산맥과 같은 높은 산맥이 만들어졌다고 생각했다.

데이나의 이론에 따르면 지구가 수축하면서 지각은 변형을 계속하지만, 한번 형성된 대륙 지각은 영원히 대륙 지각으로 남아 있다. 또한 반대로 한번 형성된 해양 지각은 영원히 해양 지각으로 남는다. 이런 그의 지구 수축설은 '지각 불변론' 혹은 '영구설'이라고 불렸다.

지구 수축설을 수용했던 지질학자들 중에는 데이나와는 달리 대륙과 해양의 변환이라는 개념으로 지구 수축을 설명하고자 했던 사람들도 있었다. 그 대표적인 지질학자로 오스트리아의 에두아르트 쥐스(Eduard Suess, 1831~1914)를 들 수 있다.

쥐스의 설명에 따르면 처음에는 지각이 지구 표면에 골고루 분포하고 있었다. 하지만 지구 내부가 수축하면서 지각이 무너져 내려 움푹 들어간 곳은 바다가 되었고, 반대로 높이 남아 있는 곳은 대륙이 되었다. 지구 수축이 계속 진행되어서 대륙이었던 부분이 무너져 낮아지면 바다가 되고, 그대로 있었던 바다 부분은 무너져 내린 부분보다 상대적으로 높아지면서 육지로 변한다. 이는 지구의 수축에 따라 대륙과 해양이 서로 교체된다는 생각이었다.

쥐스의 주장이 지닌 가장 큰 강점은 당시까지 고생물 분야에서 해결하지 못하고 있었던 화석 분포 문제를 쉽게 설명해 준다는 점이었다. 19세기 들어 서로 멀리 떨어져 있는 대륙들에서 같은 종류의 생물 화석들이 발견되자, 많은 고생물학자와 생물지리학자들은 '육교설'이라는 이론을 주장했다.

육교설이란 옛날에는 대륙과 대륙을 연결하는 좁고 긴 다리 같은 땅이 있어서 동식물이 여러 대륙으로 자유롭게 이동하는 일이 가능했다는 가설이다. 육교설을 지지했던 생물학자들은 지구가 수축하면서 육교가 무너져 내리고 대륙들이 서로 완전히 분리되었다고 믿었다.

육교설은 증명되지 않았고, 육교가 무너진 시기에 대한 통일된 의견도 없었다. 그럼에도 불구하고, 화석 자료에 나타난 생물 분포를 잘 설명할 수 있는 이론이었기 때문에, 당시에는 많은 지질학자들과 고생물학자들이 이 육교설을 받아들였다.

19세기 중반에 처음 발견된 메소사우루스 화석의 분포상은 육교설을 이용하면 설명이 가능하다. 길이가 약 70cm이었던 메소사우루스는 고생대 페름기(2억 9,000만 년 전~2억 4,500만 년 전)에 아프리카 남쪽과 남아메리카의 호수나 연못에 서식하던 동물이었다. 따라서 메소사우루스가 대서양을 건너가는 것은 불가능한 일이었다. 만약 쥐스의 주장대로 두 대륙 사이에 한때 육교가 있었다면 메소사우루스는 대륙 사이를 건너다닐 수 있었을 것이다.

멀리 떨어진 두 대륙에서 공통적으로 발견되는 화석은 메소사우루스뿐

○ 메소사우루스 화석(좌)와 글로소프테리스 화석(우) 메소사우루스는 페름기 초기에 살았던 해양성 파충류이고, 글로소프테리스는 고생대 후기부터 중생대 초기까지 살았던 식물이다. 두 종 모두 여러 대륙에서 화석이 발견되었다.

만이 아니다. 19세기 후반에 고생물학자들은 아프리카와 남아메리카, 인도, 오스트레일리아에서 고생대 석탄기에 형성된 빙하 퇴적층을 발견했다. 이 빙하 퇴적층에는 글로소프테리스라는 식물 화석이 들어 있었다.

글로소프테리스는 고생대 후기 석탄기에 살았던 겉씨식물의 일종으로 1824년에 처음 발견되었다. 서로 멀리 떨어진 대륙들에 글로소프테리스 화석이 분포하는 이유 역시 육교설을 이용하면 의문이 해소된다. 대륙들이 예전에는 서로 연결되어 있었지만, 지구가 수축하면서 육교가 무너져 내려 대륙들이 멀리 떨어졌다는 설명이 가능했던 것이다.

쥐스는 생각을 더욱 확장해 옛날에는 지구에 2개의 초대륙이 있었다는 과감한 주장을 펼쳤다. 그중 하나는 곤드와나 대륙이었고, 다른 하나는 아틀란티스 대륙이었다. 쥐스는 글로소프테리스 화석이 발견된 아프리카,

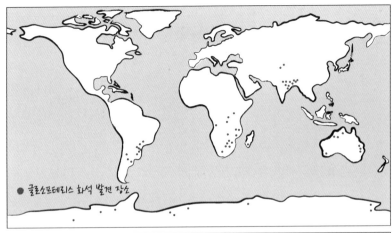

⬡ 글로소프테리스 화석의 분포(위)와 곤드와나 대륙에서의 글로소프테리스의 자생지(아래) 글로소프테리스 화석 분포를 살펴보면 대륙들을 퍼즐처럼 맞추어 볼 수 있다. 쥐스는 남반구의 대륙을 묶어 곤드와나라고 이름 붙였다.

남아메리카, 오스트레일리아, 인도, 남극을 묶어서 곤드와나라고 이름 붙였다. 오늘날 남반구에 있는 대륙들이 곤드와나로 묶인 셈이다. 오늘날 북반구를 차지하는 아틀란티스 대륙은 테티스라는 바다를 사이에 두고 곤드와나 대륙과 분리되어 있었다.

2가지 지구 수축설은 19세기 중반이 될 때까지도 공존했다. 하나는 데이나의 주장처럼 대륙은 언제나 대륙이었고 해양은 언제나 해양이었다는 이론이었고, 다른 하나는 쥐스의 주장처럼 대륙과 해양은 서로 뒤바뀐다는 이론이었다. 하지만 19세기 말부터 20세기 초까지를 거치면서 지구 수축설은 큰 위협을 받았다. 여러 학문 분야에서 새로운 발견들이 이루어졌기 때문이었다.

> 지구 수축설 : 뜨거운 지구가 식으면서 지각에 높낮이가 생김
> 데이나 - 바다와 대륙이 바뀌지 않음 → 지각 불변론
> 쥐스 - 바다와 대륙이 뒤바뀜 → 육교설

지구 수축설을 위협한 첫 번째 요인은 1850년대 말에 등장한 '지각 평형설(isostasy)'이었다. 지각 평형설은 히말라야산맥의 중력 탐사 결과 등장한 이론이다. 지각 평형설에 의하면, 가벼운 물질로 이루어진 지각은 그보다 밀도가 큰 하부층 위에 평형 상태로 떠 있다. 지각이 평형 상태에서 벗어나는 경우는 지각의 무게가 달라지는 때이다. 예를 들어 지각 위에 빙하가 쌓여 무거워지면, 무거워진 지각은 천천히 가라앉아 새로운 평형 상태에 도달한다. 반대로 빙하가 녹으면 지각은 서서히 융기해 다시 원래 상태로 돌아간다.

지각 평형설은 지구 수축설과 양립할 수 없었다. 지구 수축설에서는 빙하처럼 위에서 누르는 무게가 없어도 대륙 지각이 그대로 가라앉아 바다가 된다. 지각 평형설에서 이는 불가능한 일이다. 지각 평형설의 등장으로 대륙이 가라앉아 바다가 되었다는 지구 수축설이나 육교설은 위협을 받을 수밖에 없게 되었다.

두 번째 요인은 오래된 지층이 젊은 지층의 위쪽에 있는 지층 구조의 발견이었다. 1840년대에 알프스산맥 등지에서는 이런 충상 단층들이 다수 발견되었다.

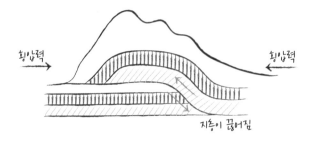

충상 단층 : 지층이 위로 밀려 올라간 역단층의 일종

충상 단층이 형성되기 위해서는 지층이 끊어져 단층이 형성된 다음, 오래된 지층이 엄청난 거리를 수평 이동 해 젊은 지층 위쪽으로 올라와야 한다. 당시의 계산에 따르면 알프스산맥에 형성된 충상 단층은 알프스산맥이 약 100km 정도 이동해야 만들어질 수 있었다. 대륙이 수직으로만 움직인다고 본 지구 수축설로는 충상 단층을 설명하기 어려웠다.

마지막으로 지구 수축설에 큰 타격을 입힌 것은 방사능 발견이었다. 1898년 부부였던 마리 퀴리(Marie Curie, 1867~1934)와 피에르 퀴리(Pierre

Curie, 1859~1906)는 라듐을 발견했고, 1910년에는 마리 퀴리가 라듐을 분리해 냈다. 이후 물리학자들과 화학자들은 라듐과 같은 방사성 원소가 붕괴할 때 열이 발생한다는 사실을 알게 되었다. 지구 내부에서 방사능 붕괴로 열이 발생한다면, 지구가 냉각되면서 수축했다는 지구 수축설은 설득력을 잃을 것이었다.

<u>지구 수축설을 위협하는 요소</u>
지각 평형설 : 양립 불가
충상 단층 발견 : 지각의 수평 이동 필요
방사능 발견 : 지구 내부는 방사능 붕괴로 인해 냉각되지 않음

그렇다면 그동안 지구 수축설로 설명해 왔던 현상들을 이제 어떻게 설명할 것인가? 대륙들을 연결하는 육교가 없었다면 메소사우루스나 글로소프테리스는 어떻게 그 먼 대륙 사이를 이동할 수 있었을까? 베게너가 육교설에 관한 논문을 읽은 것이 바로 이즈음이었다.

베게너, 기후 변동이나 화석 분포로 대륙이 이동한다는 증거를 찾다

베게너는 다양한 분야에서 관측한 자료들을 바탕으로 지구 수축설이나 육교설 등을 비판적으로 검토했다. 베게너의 관심을 끈 것은 육교설 자체가 아니라 서로 멀리 떨어져 있는 두 대륙에 같은 종류의 화석이 발견된다는 사실이었다. 화석 분포를 보았을 때 과거에 대륙들이 서로 연결되어 있었음은 분명했다. 하지만 베게너는 대륙이 가라앉아서 바다가 되었다는

주장 또한 받아들이기 어려워했다. 대륙과 해양 지각은 구성 성분 자체가 서로 다르기 때문이었다.

그렇다면 남은 가능성은 오직 하나뿐이었다. 바로 대륙의 위치가 변하지 않는다는 가정을 버리는 것이었다. 대륙이 이동했다고만 생각하면 이 모든 문제가 해결될 수 있을 것 같았다. 베게너가 보기에 아프리카와 남아메리카는 오래전에 한 덩어리로 뭉쳐 있다가 서로 갈라진 것이 확실했다. 그뿐 아니라 북아메리카도 한때는 유럽과 가까이에 이어져 있다가 떨어져 나간 것 같았다.

베게너는 생물 화석 분포가 대륙 이동을 보여 주는 강력한 증거이기는 하지만, 그것만으로는 대륙 이동설을 결정적으로 증명할 수 없을 것이라고 생각했다. 그래서 두 대륙이 붙어 있었음을 보여 주는 지질학적, 고생물학적, 측지학적, 고(古)기후학적, 지구물리학적 증거들을 조사하기 시작했다.

1912년 1월 6일, 31살의 베게너는 독일 프랑크푸르트에서 열린 지질학회에서 대륙 이동에 관한 자신의 가설을 처음으로 발표했다. 그는 아프리카와 남아메리카의 대서양 쪽 해안선 모양이 일치하는 이유에 대해, 고생대까지는 두 대륙이 붙어 있었으나 중생대(2억 4,500만 년 전~6,600만 년 전) 때 서로 갈라져 수평 방향으로 이동했기 때문이라고 설명했다. 다양한 증거와 함께 자신의 주장을 발표한 베게너는 대륙 이동을 증명하기 위해 두 대륙 사이의 거리를 정기적으로 측정해 보자고 제안했다.

지질학자들의 반응은 냉담했다. 베게너는 여기에서 포기하지 않고 1915년에 《대륙과 해양의 기원》이라는 책을 출간했다. 그는 이 책에 그동안 자신이 수집한 다양한 증거 자료를 종합한 새로운 학설, '대륙 이동설'을 담았다. 그린란드 탐험, 결혼, 징집, 제1차 세계 대전 참전, 팔다리 부상이라는 우여곡절을 겪으면서도 연구를 계속한 결과였다. 이어서 1920년에는 《대륙과 해양의 기원》 제2판, 1922년에는 제3판, 마지막으로 1929년에 제4판으로 이어지는 개정판들을 계속 출판했다.

베게너 이전에도 대륙 이동을 주장하는 사람들은 있었다. 그럼에도 대륙 이동설을 주창한 사람으로 베게너를 꼽는 이유는, 그가 여러 증거를 동원해 자신의 가설을 과학적으로 입증하려고 했기 때문이다.

베게너는 먼저 아프리카와 남아메리카의 해안선을 서로 연결한 다음 지도 위에 여러 지질학적 특징들을 그려 넣었다. 베게너는 자신의 연구가 찢어진 신문지를 다시 맞춰 보면서 양쪽의 글이 이어지는지 확인하는 것과 같다고 생각했다.

그 결과는 놀라웠다. 지질학적으로 보았을 때, 대서양을 사이에 둔 두 대륙에서 지층이 쌓인 순서가 똑같았다. 또 아프리카의 편마암 대지와 남아메리카 브라질의 편마암 대지는 놀라우리만큼 잘 연결되었다. 남아프리카의 케이프산맥과 아르헨티나 부에노스아이레스의 시에라산맥도 지질학적으로 일치했다. 지질학적 유사성은 남반구에서만 나타나는 것이 아니었다. 미국 북동부의 석탄층은 유럽의 석탄층과 서로 연결된다. 북아메리카의 애팔래치아산맥과 유럽의 칼레도니아산맥도 서로 한 줄로 이어진다.

베게너는 기존에 알려져 있던 메소사우루스나 글로소프테리스의 화석 이외에도 여러 화석 증거 자료들을 더 찾아냈다. 그는 육교를 이용해 대륙 사이를 자유롭게 이동하는 일이 특히 더 어려워 보이는 생물들의 화석을

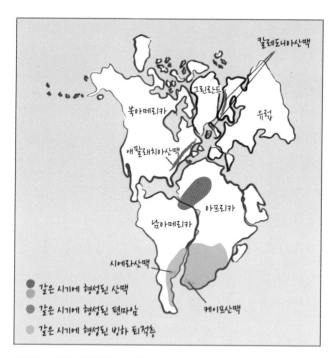

칼레도니아산맥

그린란드

북아메리카

유럽

애팔래치아산맥

아프리카

남아메리카

시에라산맥

케이프산맥

● 같은 시기에 형성된 산맥

● 같은 시기에 형성된 편마암

● 같은 시기에 형성된 빙하 퇴적층

⊙ 대륙 이동의 지질학적 증거 떨어진 대륙들 사이에서 유사한 지질학적 특성이 드러난다. 남아메리카와 아프리카의 빙하 퇴적층과 편마암 지대가 연결되고, 북아메리카의 애팔래치아산맥과 유럽 칼레도니아산맥이 서로 이어진다.

찾아내려고 노력했다. 그 한 예가 정원달팽이 화석이었다. 베게너는 정원달팽이의 서식지가 북아메리카의 동부와 유럽의 서부에 걸쳐 있었던 것이 우연이 아니라고 생각했다. 또한 유라시아에서는 일본에서 스페인까지 널리 분포하는 참지렁이과의 지렁이들이 대서양을 건너서는 북아메리카의 동부에만 서식하는 것도 마찬가지로 대륙 이동의 증거라고 생각했다.

베게너는 대륙 이동을 증명하기 위해 지질학이나 고생물학 이외에도 여러 분야에서 자료를 수집했다. 그중 하나가 측지학이었다. 지구 수축설과 달리 대륙 이동설의 옳고 그름은 직접 검토해 볼 수 있다고 생각한 베게너는 경도 측정 결과들을 종합해 오늘날에도 대륙이 이동하고 있다는 사실을 증명하고자 했다.

베게너는 19세기에 측정된 독일 탐험대의 경도 값과 20세기 초에 덴마크 그린란드 탐험대가 분석한 경도 값을 비교했다. 그 결과 그린란드와 유럽이 1년에 약 36m씩 멀어지고 있다고 주장했다. 물론 이는 잘못된 측정으로 인해 지나치게 크게 나온 수치였지만 베게너는 충분한 증거라고 믿었다. 베게너는 북아메리카와 유럽 사이의 경도 차이도 점차 커지고 있다는 사실을 통해 대륙 이동설을 증명하고자 했다.

베게너는 측지학 자료를 이용해 대륙 이동의 가능성을 논하고 나서, 당시에는 최신 이론이었던 지각 평형설과 지진학 자료들을 이용해 지구물리학적 관점에서 대륙 이동 가능성을 검토했다. 그는 빙하에 덮여 가라앉았던 스칸디나비아반도가 빙하가 녹으면서 다시 서서히 융기하는 현상에 대해 고찰했다. 베게너가 보기에 이러한 현상이 가능하려면 지각 아래의 물질이 유체의 성질을 가져야 했다. 빙하가 쌓여 지각이 가라앉기 위해서는 지각 아래에 유동성 물질이 있어서 압착된 물질을 바깥쪽으로 밀어내야 하기 때문이다.

베게너의 생각으로는 대륙이 점성이 높은 유체 위에서 움직인다면, 그 움직임이 수직 운동에 국한될 이유가 전혀 없었다. 대륙을 옆으로 미는 힘이 존재하고 그 힘이 오랫동안 지속적으로 작용한다면 대륙의 수평 운동이 일어나지 말라는 법은 없다. 베게너는 조산 운동을 일으키는 압축력이야말로 그러한 힘의 증거라고 주장했다.

또한 베게너는 당시의 지진학 연구 결과를 이용해 지구가 강철처럼 단단해서 대륙이 밀려 나갈 수 없다는 주장에 반박했다. 그는 대륙이 이동하기 위해서는 대륙 아래쪽 물질의 점성 혹은 유동성이 중요하다고 생각했다. 하지만 맨틀의 점성이나 유동성에 관해서는 정확한 연구 결과를 얻지는 못했던 것으로 보인다.

베게너가 대륙 이동을 증명하기 위해 내세웠던 여러 증거 중 가장 독창적이었던 것은 고(古)기후학을 이용한 증거였다. 암석들을 잘 살펴보면 오래전의 기후에 대한 증거를 얻을 수 있을 것이라고 생각했던 베게너는 독일의 유명한 기상학자이자 자신의 장인이기도 했던 블라디미르 페터 쾨펜(Wladimir Peter Köppen, 1846~1940)과 함께 과거의 기후 분포에 관한 증거를 찾아 나섰다. 고기후 분포 분석으로 대륙 이동설의 정당성을 보여 주기 위해서였다.

오늘날의 암석층은 그 지질 구조가 형성되었을 당시의 기후에 영향을 받았다. 예를 들어 두꺼운 석회암층은 열대나 아열대의 따뜻하고 얕은 바다에서 주로 생성된다. 한반도의 경우에는 북한의 황해도와 평안도, 남한의 강원도 영월·태백 등지에 이러한 석회암층이 분포한다. 이로써 한반도가 한때는 지금보다 더 따뜻했을 것이라고 추측할 수 있다. 이렇게 형성 당시의 기후를 추측할 수 있게 해 주는 지질 구조를 기후 지시자라고 한다. 베게너는 기후 지시자들을 대륙 이동을 보여주는 데 이용했다.

베게너가 주목했던 것은 빙퇴석, 석탄, 암염, 석고 등이었다. 빙퇴석은 빙하가 운반해서 쌓은 돌무더기이다. 빙하가 이동하다가 따뜻한 곳에서 녹으면 빙하 내부에 있던 암석, 자갈, 흙 등이 쌓인다. 대륙 안쪽에 빙퇴석이 있다는 것은 내륙 빙하가 있었다는 의미가 된다. 또 석탄은 따뜻하고 비가 많은 기후대에서만 만들어지므로 어느 지역에 석탄이 있다는 것은 석탄 생성 당시에 기후가 온난 습윤했음을 말해 준다. 암염이나 석고는 해수가 잘 증발하는 건조 기후대에서 만들어진다. 기후 지시자들은 여러 지역의 고기후가 오늘날과는 상당히 달랐음을 보여 주었다.

베게너는 기후 변화를 잘 보여 주는 예로 스피츠베르겐섬을 들었다. 스피츠베르겐섬은 노르웨이의 스발바르 제도에 속하고, 북위 78°에 위치한다. 북극해에 있는 스피츠베르겐섬은 내륙 빙하로 덮여 있으며 혹독한 극지방 기후를 보인다. 이 섬에는 기후 변화나 핵전쟁이 일어났을 때 세계의 중요 식물이 멸종하는 것을 막기 위해 설립된 스발바르 국제 종자 저장고가 있다. 현재 전 세계 여러 나라의 씨앗 약 450만 종이 이곳에 안전하게 저장되어 있다.

스피츠베르겐섬에는 신생대 제3기 에오세(5,600만 년 전~3,390만 년 전)에 형성된 지층이 있다. 이 지층에서는 소나무, 전나무, 주목, 감귤나무, 너도밤나무, 미루나무, 떡갈나무, 느릅나무 등 아열대성 식물의 화석이 발견된다. 심지어 야자나무까지 있다.

왜 스피츠베르겐섬과 같이 추운 지역의 지층에서 아열대성 식물 화석이 발견되는 것일까? 이는 지층이 형성될 당시 이 지역의 기온이 오늘날보다 약 20℃는 더 높았고 습도도 높았다는 사실을 말해 준다. 베게너는 열대 지역에 있었던 섬이 점차 북쪽으로 올라가 오늘날의 한대 지역에 이르렀다고 생각했다. 스피츠베르겐섬의 기후가 아열대에서 극기후로 바뀌는 동안, 남부아프리카의 기후가 극기후에서 아열대 기후로 바뀌었다는

○ 빙하의 흔적 빙하가 지나간 자리에 있던 암석들이다. 빙하에 긁힌 흔적을 볼 수 있다.

사실은 베게너의 논증을 더욱 강화해 주었다.

또, 스피츠베르겐섬처럼 극기후를 보이는 남극 대륙에서도 열대 지역 식물 화석이 석탄 형태로 발견되었는데, 이는 적도 부근에 있던 남극 대륙이 스피츠베르겐섬과는 반대로 남쪽으로 이동했음을 의미했다. 이러한 사실을 바탕으로 베게너는 고생대 석탄기(3억 6,500만 년 전~2억 9,000만 년 전) 이후 지구 전체적으로 기후대가 이동했다고 결론지었다. 그는 이러한 현상은 남극과 북극의 위치가 시간에 따라 변화했기 때문에 일어났다고 추측했다.

베게너는 내륙 빙하가 남긴 자취인 빙퇴석에 특별히 주목했다. 빙퇴석에는 빙하에 실려 미끄러져 가면서 긁힌 자국이 남아 있다. 또, 빙퇴석이 지나간 자리에 있는 기반암은 빙하로 비벼져서 긁힌 자국과 함께 광택이

난다. 이 흔적들을 바탕으로 아프리카, 남아메리카, 오스트레일리아, 인도 등 오늘날 남반구에 위치한 모든 대륙이 고생대 석탄기 말에서 페름기 초 사이에 내륙 빙하 지대였다고 추측할 수 있다. 그뿐만이 아니었다. 빙퇴석에 남은 긁힌 자국의 방향을 분석하면 빙하들이 여러 방향으로 움직였음을 알 수 있다.

오늘날 빙하의 흔적은 지구 표면의 여기저기에 흩어져 있다. 베게너가 보기에 빙하의 흔적이야말로 다른 어떤 증거들보다 더 확실하게 대륙이 고정되어 있다는 가설을 부정하는 증거였다. 베게너가 빙하 퇴적층이 나타난 지역을 퍼즐 맞추듯이 연결하자 하나의 거대한 대륙이 그 모습을 드러냈다.

베게너가 자신의 이론에 더욱 확신을 가진 것은 북아메리카, 유럽을 거쳐 중국으로 이어지는 고생대 석탄기의 거대한 석탄대(石炭帶)가 커다란 원을 그리며 연결된다는 점 때문이었다. 이 석탄대를 원모양으로 연결하면 그 당시의 남극을 알 수 있었는데, 이 극은 자신이 연결한 빙하 지역의 중심이었다. 이것은 고생대 석탄대가 당시에는 적도 지역이었음을 의미했다. 베게너는 오늘날의 북아메리카, 유럽, 중국 등에 있는 석탄 지대들은 모두 동일한 기후 조건에서 탄생했다고 결론 내렸다.

베게너는 1922년에 발간된《대륙과 해양의 기원》제3판에서 마침내 '판게아'라는 개념을 도입했다. 판게아는 그리스어 합성어로 '모든 땅'을 의미한다. 베게너에 의하면 유일한 대륙이었던 초대륙 판게아가 로라시아 대륙과 곤드와나 대륙으로 나뉘었으며, 이후 이 두 대륙이 다시 쪼개져서 오늘날과 같은 모습을 갖추었다.

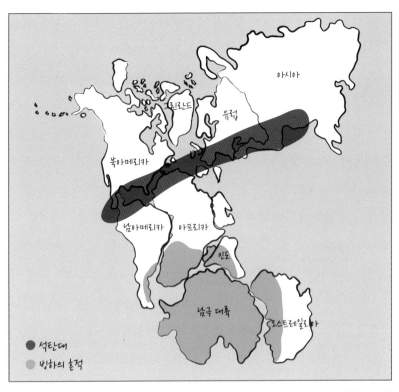

○ 대륙 이동의 고기후학적 증거 베게너는 옛날 기후를 추정할 수 있는 빙퇴석과 석탄의 분포를 대륙 이동의 근거로 삼았다. 그는 모든 대륙이 모여 있었던 하나의 대륙에 판게아라는 이름을 붙였다.

대륙 이동설의 근거

지질학 : 편마암 대지, 산맥, 석탄층의 이어짐

고생물학 : 메소사우르스, 글로소프테리스, 정원달팽이, 지렁이 분포

측지학 : 19세기와 20세기에 측정한 경도 값 차이

지구물리학 : 지각 평형설과 지진학 연구 결과 이용

고기후학 : 스피츠베르겐섬의 식물 화석, 빙퇴석, 석탄대

베게너가 내세운 다양한 증거에도 불구하고 대륙 이동설은 많은 지질학자들에게 무시당했다. 거기에는 크게 2가지 이유가 있었다. 첫째는 베게너가 지질학자가 아니라 기상학자였다는 점이다. 베게너는 지질학 전공자도 아니고 지질학회 회원도 아니었다. 그런 베게너의 이론은 당시 다수의 지질학자가 받아들이고 있었던 육교설을 뒤집는 파격적인 주장이었기 때문에, 그의 이론에 대한 조롱과 비웃음은 어쩌면 당연한 것이었을지도 모른다. 하지만 일부 과학사학자들은 오히려 베게너가 지질학회에 속해 있지 않았기 때문에 대륙 이동설이라는 과감한 주장을 할 수 있었다고 해석하기도 한다.

대륙 이동설이 무시당한 두 번째 이유는 대륙 이동을 일으키는 힘에 대한 그의 설명이 설득력이 없었다는 점 때문이었다. 사실 이 부분은 베게너 이론에서 가장 약한 고리이기도 했다.

베게너가 제시한 대륙 이동의 메커니즘은 2가지였다. 하나는 지구의 자전으로 인한 힘(이극력, 離極力) 때문에 극지방에 있던 대륙들이 적도 지방으로 몰린다는 것이었고, 다른 하나는 달과 태양에 의한 조석력이었다. 베게너의 설명에 따르면 대륙이 갈라진 뒤에 북아메리카와 남아메리카는 조석력에 의해 서쪽으로 이동했다. 반면 인도를 북쪽으로 밀어 올려 히말라야산맥을 형성한 힘이나 알프스산맥을 형성한 힘은 이극력이었다.

영국 케임브리지 대학교의 지구물리학자 해럴드 제프리스(Harold Jeffreys, 1891~1989)는 베게너가 말한 힘으로는 대륙을 움직일 수 없다는 것을 수학적으로 증명해 보이면서 베게너의 이론이 우스꽝스러울 만큼 부적절하다고 비판했다. 제프리스는 지진파 연구를 통해 지각 아래의 맨틀이 고체라는 사실을 알고 있었기 때문에 대륙 이동은 불가능하다고 생각했다. 그동안 대륙 이동설에 호의적이었던 지질학자들조차도 대륙 이동의 메커니즘에 대해서는 회의적이었다. 영국, 프랑스, 특히 미국에서는 점점 대륙 이동설에 반대하는 학자들이 많아졌다.

베게너의 연구 방법에 대한 비판도 이어졌다. 베게너가 자료를 분석해서 결론을 도출하는 귀납적인 방법으로 이론을 끌어내지 않고, 먼저 가설을 세운 다음 여러 관측 결과를 자신의 가설에 끼워 맞췄다는 비판이었다.

> 대륙 이동설에 대한 비판
> 베게너가 지질학 전공이 아님
> 대륙 이동의 메커니즘이 설득력 없음
> 가설에 관측 결과를 끼워 맞춤

가장 큰 문제는 베게너 자신도 대륙을 수평 방향으로 이동시키는 힘에 대해 확신하지 못했다는 점이었다. 베게너는 대륙을 이동시키는 힘을 밝혀내기 위해서는 더 많은 연구가 필요하다는 것을 인정하면서도 대륙 이동에 대한 자신의 이론이 틀릴 확률은 거의 없다고 믿었다.

1919년, 베게너는 쾨펜의 뒤를 이어 독일 해양 연구소 기상연구실장이 되었다. 이어 1924년에는 오스트리아의 그라츠 대학교에서 학생들을 가르치기 시작했다. 베게너는 1930년, 자신의 세 번째이자 마지막이 될 그린란드 탐험에 참여했다.

베게너는 과학자와 기술자 21명으로 구성된 독일 탐험대의 대장을 맡았고, 그들의 임무는 18개월 동안 그린란드에 머물면서 빙하, 기상, 지구

● 베게너의 세 번째 그린란드 탐사 1930년 베게너는 마지막 그린란드 탐사 중 사망했다. 사진은 탐사 도중 찍은 것으로, 왼쪽이 베게너이다.

물리에 관한 자료를 수집하는 것이었다. 그것이 베게너의 마지막 탐사 여행이 되었다. 그린란드에 설치한 3개의 캠프 중 한 곳에 식량을 보급하기 위해 베이스캠프를 떠났던 베게너는 이듬해인 1931년 봄에 시신으로 발견되었다. 그는 1930년 11월에 사망한 것으로 추정된다. 가족의 요청으로 베게너의 시신은 아직도 그가 죽은 자리에 그대로 남겨져 있다.

베게너가 살아 있는 동안 그의 이론은 많은 비난과 조롱을 받았다. 하지만 지구의 역사와 변화를 지질학, 고생물학, 측지학, 고기후학, 지구물리학 등의 자료를 종합해 개연성 있게 설명하고자 했던 베게너의 대륙 이동설이, 지질학에 혁명을 가져오기까지는 그리 오랜 시간이 걸리지 않았다.

지질학자들, 바다 아래의 산맥에 주목하다

1940년대가 되면 대륙 이동설에 관한 논쟁은 지질학계에서 거의 자취를 감춘다. 하지만 비난과 조롱 속에서도 흔들리지 않고 대륙 이동설을 지지했던 지질학자들도 있었다. 대표적인 예로 남아프리카공화국 출신의 지질학자 알렉산더 더토이(뒤투아, Alexander Logie du Toit, 1878~1948)와 영국의 지질학자 아서 홈스(Arthur Holmes, 1890~1965)를 들 수 있다.

빙하 퇴적층 전문가였던 더토이는 자신이 호주에서 찾아낸 빙하 퇴적층, 그리고 이미 존재가 알려져 있었던 인도와 남아메리카의 빙하 퇴적층 분포를 곤드와나 대륙에 그려 넣어 보았다. 또 더토이는 남아메리카를 여행하면서 남아메리카와 아프리카에서 같은 종류의 화석이 발견되며, 지층이 퇴적된 순서도 똑같다는 것을 알아냈다. 빙하 퇴적층 분포를 설명할 수 있는 이론은 대륙 이동설밖에 없다고 생각했던 더토이는 남아메리카 대륙을 조사하면서 얻은 지질학 자료를 대륙 이동설을 정당화하는 데 이용했다. 시에라산맥과 케이프산맥의 지질학적 유사성, 남아메리카와 아프리카의 상세한 지질학적 분석에 관한 더토이의 연구 자료는 베게너도 자신의 책에서 적극적으로 이용했다.

더토이는 1937년에 출간한 자신의 저서 《떠도는 대륙》을 베게너에게 헌정했다. 그는 이 책에서 대륙이 테티스해를 사이에 두고 남반구의 곤드와나 대륙과 북반구의 로렌시아 대륙으로 나뉘어 있었다고 주장했다. 그는 대륙이 이동하지 않는다고 말하는 것은 생물이 진화하지 않는다고 주장하는 것과 같다고 믿었다. 이처럼 더토이는 지질학적 증거들을 이용해서 대륙 이동설을 지지했다.

한편 홈스는 대류 이동설을 한 단계 더 발전시키는 데 중요한 역할을 할 이론을 제안했다. 홈스는 방사성 물질을 이용해서 암석의 연령을 측정하는 방법을 연구했다. 방사성 원소의 붕괴가 어떤 지질학적 변화를 일으킬 수 있는지를 연구하던 홈스는 방사성 원소들이 붕괴하면서 방출하는 열 때문에 지구가 계속 냉각되며 수축하는 것은 불가능하다고 생각했다. 그는 1928년에 발표한 저서에서 지구 수축설을 받아들이는 대신 '맨틀 대류설'로 알려진 새로운 이론을 제시했다.

홈스는 방사능 붕괴로 지구 내부에 열이 쌓이고, 그 열이 맨틀의 대류를 일으킨다면 대류이 이동할 만큼의 힘이 생길 수도 있다고 생각했다. 맨틀이 대류로 상승하는 지점이 대륙 바로 밑에 있다면, 맨틀이 상승해 갈라질 때 그 윗부분의 대륙도 갈라져 이동하는 일이 가능하다는 것이었다. 그는 반대로 맨틀이 하강하는 지점에서는 횡압력이 작용해 높은 산맥이 형성된다고 주장했다.

맨틀 대류설

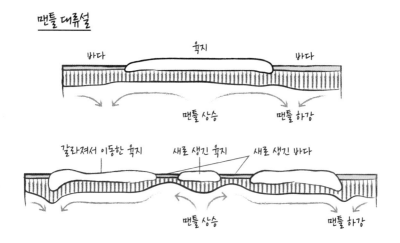

홈스의 맨틀 대류설은 당시에는 큰 주목을 받지 못했다. 제2차 세계 대전이 시작되면서 순수과학 연구가 거의 진행되지 못했기 때문이다.

대류 이동설이 다시 지질학의 전면에 등장한 것은 제2차 세계 대전이 끝나고 1950년대에 들어서 지질학에 큰 변화가 일었기 때문이다. 그중 하나는 새로이 등장한 고(古)지자기학이라는 학문이었다. 고지자기학이란 암석에 기록된 과거 지질 시대의 지구 자기장을 연구하는 학문이다.

1895년에 프랑스의 물리학자 피에르 퀴리는 마그마가 냉각되어 암석으로 굳을 때, 일정한 온도 이하로 내려가면 암석 속에 포함된 자철석이 지구 자기장 방향으로 정렬된다는 사실을 알아냈다. 이는 특정 암석의 자성을 측정하면 마그마가 냉각될 당시의 지구 자기장 방향을 알 수 있다는 의미였다.

제2차 세계 대전 동안 영국 해군 연구소의 소장으로 복무한 후 임페리얼 칼리지로 복귀한 물리학자 패트릭 메이너드 스튜어트 블래킷(Patrick Maynard Stuart Blackett, 1897~1974)은 여러 지역의 암석을 채취한 후, 복각을 이용해 고지자기를 분석해 보았다. 복각이란 나침반의 바늘이 지표면과 이루는 각도를 말한다. 나침반 바늘은 지표면과 평행으로 있지 않고 수직 방향으로 기울어지는데, 극에 가까울수록 더 많이 기울어진다. 즉 위도가 높아질수록 복각의 크기는 더 커진다.

블래킷은 현재 복각이 60°인 영국 중생대 트라이아스기(2억 4,500만 년 전~1억 8,000만 년 전) 지층에서 고지자기의 복각을 측정했다. 고지자기의 복각은 30°밖에 되지 않았다. 이것은 영국이 중생대 이후에 약 3,000km 정도를 북쪽으로 이동했다는 의미이다. 또 오늘날 인도의 남부에 있는 데

칸고원의 고지자기 측정 결과는 인도가 중생대 쥐라기(1억 8,000만 년 전 ~1억 3,500만 년 전) 이후에 약 7,000km 북상했음을 보여 주었다. 블래킷의 제자였던 케임브리지 대학교의 스탠리 키스 렁컨(Stanley Keith Runcorn, 1922~1995)도 고지자기를 연구해서 북극이 2만km나 이동했다는 사실을 밝혀냈다.

1950년대 말, 렁컨은 유럽과 북아메리카에서 각각 채취한 암석들의 고지자기 방향이 시대에 따라 어떻게 달라졌는지를 비교해 보았다. 어느 한 시기에 자북극은 하나만 존재한다. 만약 2억 년 전에 A, B 두 대륙이 하나로 합쳐 있었다면 두 대륙의 지자기는 2억 년 전의 자북극 한 지점을 똑같이 가리킬 것이다. 두 대륙이 떨어져 나가 이동했다면, 그 이후에 생성된 암석의 지자기는 이동한 뒤의 자북극을 가리키고, 이는 2억 년 전에 생성된 암석의 지자기와는 다른 방향이 될 것이다. 따라서 시간에 따른 자북극의 이동 방향을 측정해 보면 대륙이 어떤 경로로 이동했는지를 알아낼 수 있다.

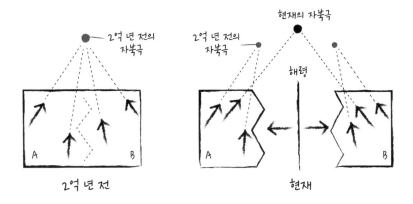

고지자기를 통해 과거의 극이 이동한 경로를 보면 유라시아의 극이동 경로와 북아메리카의 극이동 경로가 서로 다르다. 하지만 이 두 극이동 경로를 하나로 합치면 두 대륙은 하나가 된다. 2억 년 전까지 두 대륙의 극이동 경로가 일치하다가 그 이후부터 벌어졌다는 것은 한때 붙어있던 두 대륙이 서로 다른 방향으로 이동했다는 사실을 의미했다.

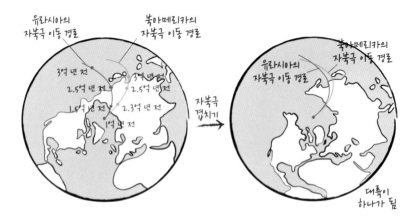

이처럼 고지자기 분석은 대륙이 이동했음을 증명하는 데 중요한 역할을 했다. 고지자기학적 증거에 힘입어 1960년대가 되면 대부분의 고지자기 학자들은 대륙 이동설을 믿게 되었다.

대륙 이동설의 부활을 이끈 또 하나의 변화는 해양 연구에서 시작되었다. 20세기 초까지 지질학자들의 관심이 '땅'에 집중되어 있었다면, 1930년대 이후로 많은 지질학자들은 관심을 해양으로 돌렸다. 미국은 제2차 세계대전을 겪으면서 해군을 통해 해양학 분야에 많은 지원을 했고, 이는 해양 연구 붐으로 이어졌다.

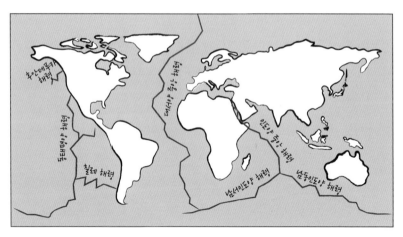

○ **해령 지도** 주요 해령의 위치를 나타낸 지도이다. 해령에서는 새로운 지각이 형성된다.

미국의 지질학자 윌리엄 모리스 유잉(William Maurice Ewing, 1906~1974)은 지진파를 이용해 심해를 연구하는 새로운 탐사 기법을 고안해 냈다. 지진파 탐사 기법이란 지진파를 인위적으로 생성시켜 심해로 전파한 다음, 파동이 심해 지층에서 반사되어 나오는 시간으로 지층에 대한 정보를 얻는 방법이다.

1872년 영국의 해양 탐사선 챌린저호는 대서양 중앙에 남북으로 길게 뻗은 해령(해저 산맥)이 있다는 사실을 밝혔다. 유잉은 챌린저호의 연구를 참고로 1947년에 대서양 중앙 해령에 대한 지진파 탐사를 수행했다. 그런데 대서양 중앙 해령 부근의 퇴적층이 생각했던 것보다 얇았다. 또 퇴적층이 있을 것이라고 생각했던 대서양 중앙 해령 부근에 오히려 생성된 지 오래되지 않은 현무암 덩어리들이 있었다.

현무암은 지표 가까이에서 용암이 빠르게 굳을 때 생성되는 암석인데,

왜 대서양 한가운데 현무암이 있는 것일까? 또 다른 지각보다 해령 부분의 열 방출량이 훨씬 많은 이유는 무엇일까? 1949년에 설립된 러몬트 지질 연구소 소장이 된 유잉은 미 해군이 지원하는 막대한 연구비를 바탕으로 지진파를 이용한 해양 연구에 더욱 박차를 가했다.

1950년대 중반, 러몬트 지질 연구소는 미 해군의 음향 측심 자료를 이용해 대서양의 해저 지형도를 만드는 일을 맡고 있었다. 당시 러몬트 지질 연구소에 브루스 찰스 히젠(Bruce Charles Heezen, 1924~1977)이라는 지질학자가 연구원으로 있었다. 히젠은 자신의 동료이자 해양 지도 제작자였던 마리 타프(Marie Tharp, 1920~2006)와 함께 해저 지형도를 만들다가 대서양 중앙 해령을 따라 난 깊은 골짜기의 존재를 알게 되었다. 히젠이 대서양에 지진이 일어나는 지점을 지도에 표시했더니, 지진이 발생한 지점들은 모두 대서양 중앙 해령에 모여 있었다.

1940~1950년대는 이제 막 냉전이 시작되어 미국과 소련이 핵무기 개발로 대변되는 군비 경쟁을 가속화하던 시기였다. 미소 양국의 핵무기 개발이 어느 정도 마무리된 1960년대 초가 되자, 116개국의 서명으로 대기권에서의 핵 실험을 금지하는 조약이 발효되었다. 대기권에서 이루어지던 핵 실험이 지하 핵 실험으로 전환된 것이다.

그러자 미국과 소련은 상대국에서 실시하는 지하 핵 실험을 감지하기 위해 세계 곳곳에 대규모 지진 관측소들을 설립하고 '전 지구 표준 지진 관측망(WWSSN, World-Wide Standard Seismographic Network)'을 가동했다. 핵무기가 폭발할 때 일어나는 지진을 감지함으로써 상대국의 핵 실험 상황을 분석하겠다는 의도였다. 의도한 바는 아니었지만, 바로 이 관측망 덕

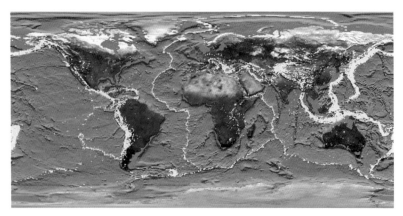

❍ **지진 분포** 1960년부터 1995년까지의 지진 발생 지점을 표시한 지도이다. 해령과 해구에서 지진이 많이 일어난다는 사실을 알 수 있다.

분에 지질학자들은 전 세계에서 자연적으로 일어나는 지진의 정확한 위치 정보를 알 수 있게 되었다.

히젠과 동료들은 전 지구 표준 지진 관측망으로 얻은 자료를 이용해 지진 발생지를 세계 지도에 표시해 보았다. 지진은 아무 곳에서나 일어나지 않았다. 지진이 일어나는 지점은 대서양, 인도양, 그리고 태평양에 몰려 있었으며, 일정한 선을 따라 분포했다. 지진은 해령이나 해구의 위치와 거의 일치하는 곳에서 발생했다.

이 시기에 지진과 해령의 관계를 연구한 다른 과학자로 해리 해먼드 헤스(Harry Hammond Hess, 1906~1969)가 있다. 헤스는 예일 대학교에서 전기공학을 전공하고 나서 곧 전공을 지질학으로 바꾸었고, 프린스턴 대학원생 시절부터 서인도 제도 탐사에 참가해서 해저 중력에 관한 이론과 실무를 배웠다. 그는 제2차 세계 대전 동안 미국 해군 장교로 복무하면서 수

송함을 이용해 군수품을 수송하는 임무를 맡았다. 군수품을 수송하는 배에 음파로 바다의 깊이를 측정하는 최신 음향 측심기를 탑재해 태평양을 횡단할 때마다 해저 지형을 탐사하기도 했다. 이후 프린스턴 대학교에서 연구를 계속한 헤스는 대서양 중앙 해령에 관한 연구 자료와 전 지구적 규모로 일어나는 지진 현상을 연결해서 설명할 방법을 고심했다.

헤스는 1960년에 자신의 연구를 담은 논문 〈해양저의 역사〉 초고를 동료들에게 보내 미리 읽혔고, 1962년에 출판했다. 헤스의 이 논문은 판 구조론 확립 과정에서 중요한 역할을 했다고 평가받는다. 헤스가 이 논문에서 오늘날 '해저 확장설(Sea-floor spreading)'이라고 부르는 가설을 발표했기 때문이다.

해저 확장이라는 용어는 미국의 해양 지질학자이자 지구물리학자 로버트 싱클레어 디에츠(Robert Sinclair Dietz, 1914~1995)가 처음 사용했다. 해저 확장에 관한 논문도 디에츠가 먼저 출판했지만, 헤스가 이미 그 이전에 자신의 논문 초고를 동료들에게 읽혔던 것이 인정되어 오늘날 일반적으로 해저 확장설의 주장자는 헤스로 기억된다.

헤스의 가설에 의하면 지구 내부에서는 맨틀의 대류가 일어나고 있다. 해령은 지구 내부에서 마그마가 올라와 식으면서 새로운 해양 지각이 만들어지는 곳이다. 새로 만들어진 해양 지각은 시간이 지나면 마치 컨베이어 벨트처럼 해령의 양쪽으로 이동해 대륙의 가장자리에 도달한다. 헤스가 주장한 해저 확장설은 왜 해령에서는 다른 곳보다 더 많은 양의 열이 방출되는지, 왜 해령 주변에서 현무암질 암석이 발견되는지 등을 잘 설명했다.

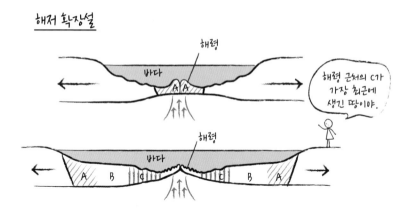

해저 확장설

해령에서 멀어진 해양 지각은 결국 어떻게 될까? 1930년대부터 지진학자들은 지진이 대륙 쪽으로 경사진 면을 따라 일어난다는 것을 알고 있었다. 지진학자들은 지진이 경사진 면을 따라 일어나는 이유는 더 무거운 해양 지각이 상대적으로 가벼운 대륙 지각 아래로 밀려 들어가기 때문이라고 결론 내렸다. 판이 맨틀로 들어가는 이 부분을 해구라고 부른다. 만약 대륙 지각과 대륙 지각이 만나거나, 반대로 해양 지각과 해양 지각이 만나는 경우처럼 두 지각의 밀도 차이가 그리 크지 않을 경우에는 히말라야산맥과 같이 지표면이 주름져 습곡 산맥이 만들어질 것이다.

헤스의 해저 확장설이 등장할 즈음 고지자기 분야에서는 해저 확장설을 증명할 수 있는 새로운 연구 결과가 나왔다. 대서양의 중앙 해령과 인도양의 칼스버그 해령에서 해양 지각에 기록된 지구 자기장을 측정한 결과, 해령 양쪽으로 해령과 평행한 방향의 특이한 줄무늬가 나타난 것이다. 마치 얼룩말의 줄무늬 같은 모양이었다.

이 자기 이상 패턴의 비밀을 푼 사람은 영국 케임브리지 대학교의 해양지질학자이자 지구물리학자 드러먼드 호일 매슈스(Drummond Hoyle Matthews, 1931~1997)와 그의 제자 프레더릭 존 바인(Frederick John Vine, 1939~), 그리고 캐나다 토론토 대학교에서 고지자기학을 연구하던 로런스 휘터커 몰리(Lawrence Whitaker Morley, 1920~2013)였다. 이들은 자기장의 줄무늬 모양이 나타난 이유가 해저 확장, 그리고 지구의 자기장이 뒤바뀌는 현상과 관련이 있을 것이라고 생각했다.

해령에서 솟아오른 마그마가 굳어서 암석이 될 때, 암석 속의 자철석은 지구 자기장 방향으로 배열된다. 지구 자기장 방향이 바뀌면 암석 속 광물의 배열 방향은 달라질 것이다. 만약 해저 암석의 자기가 현재 지구의 자기장과 같은 방향으로 배열되어 있다면 자기장의 세기가 강할 것이고, 그 반대의 경우에는 자기장의 세기가 약해질 것이다. 한마디로 얼룩말 모양의 줄무늬는 정상 자기와 역전 자기를 가진 암석이 반복적으로 나타난 것이었다. 정상 자기와 역전 자기가 규칙적으로 반복되어 바뀐다는 것은 해령을 중심으로 해양 지각이 서서히 양쪽으로 퍼져나갔다는 증거가 된다.

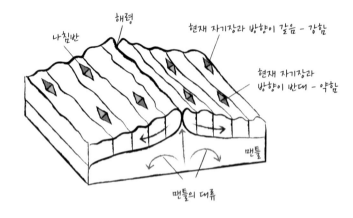

매슈스와 바인, 몰리는 자기장의 극이 100만 년마다 뒤바뀌고, 해저가 1년에 3.5cm씩 확장된다면 대서양의 줄무늬 모양 자기장이 설명된다고 결론 내렸다. 이로써 대륙 이동설과 해저 확장설은 명확한 정량적 증거를 가지게 되었다.

판 구조론, 땅이 여러 조각으로 나뉘어 있다

확실한 증거 기반을 확보한 해저 확장설은 판 구조론으로 발전했다. 여기에 중요한 역할을 한 과학자가 캐나다 출신의 지구물리학자 존 투조 윌슨(John Tuzo Wilson, 1908~1993)이었다. 윌슨은 하와이 열도를 면밀히 관찰했다. 그 결과 하와이섬을 제외한 다른 섬들에서는 화산 활동이 없으며, 하와이섬에서 서쪽으로 갈수록 섬의 나이가 점점 많아지고 높이는 점점 낮아지며 섬의 풍화 정도가 더 심하다는 것을 알아냈다.

윌슨은 '플룸(plume)'이라는 새로운 용어를 도입해 하와이 열도의 지형을 해석했다. 윌슨에 의하면, 하와이섬 아래에는 마그마를 올려 보내는 고정된 통로가 있어서 이 고정된 통로를 따라 화산이 폭발한다. 윌슨은 이 고정된 통로에 플룸이라는 이름을 붙이고, 플룸이 지표면에 도달한 지점을 열점이라고 불렀다. 해저 확장설에 따르면 태평양의 해양 지각은 서쪽으로 이동하기 때문에 열점을 벗어난 하와이 열도의 다른 섬들에서는 화산 활동이 일어날 수가 없었던 것이다. 윌슨의 설명은 해저 확장설에 기반을 두었다.

하지만 해저 확장설의 해결 과제들은 여전히 남아 있었다. 그중 하나가

'왜 지진이 해령과 해령 사이의 단층 부분에서 자주 일어나는가?'에 대한 설명이었다. 윌슨은 1965년에 변환 단층이라는 개념을 도입했다.

변환 단층은 대서양의 중앙 해령을 가로질러 지층이 끊어진 단층이다. 해령과 해령 사이, 그림의 A 부분에서 지각은 서로 반대 방향으로 움직인다. 그러다가 해령에서 멀어지면 서로 같은 방향으로 이동한다. 이때 서로 반대 방향으로 움직이는 A 부분에서 충돌이 일어나 지진이 발생한다.

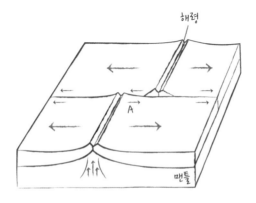

윌슨은 변환 단층과 지진의 관계를 연구하는 과정에서 '판(plate)'이라는 개념을 도입했다. 그는 해령과 변환 단층으로 나뉜 땅덩어리들은 서로에 대해 상대적으로 움직일 것이라고 생각했고, 이렇게 움직이는 각각의 땅덩어리들을 '판'이라고 불렀다. 이렇게 '판 구조론'이라는 지구과학의 새로운 패러다임이 만들어지고 있었다.

미국 프린스턴 대학교의 지구물리학자 윌리엄 제이슨 모건(William Jason Morgan, 1935~)은 1968년에 출판한 논문에서 지구 표면이 새로운 해양 지각이 형성되는 해령, 지각이 소멸하는 해구와 습곡 산맥, 지각의 생성도 소멸도 없는 변환 단층을 경계로 해 6개의 큰 판과 12개의 작은 판으로 이루어져 있다고 주장했다. 모건은 영국 지구물리학자 댄 피터 매켄지(Dan Peter McKenzie, 1942~)와 판의 움직임을 보여 주는 모델을 만들었다.

지각을 이루는 각 판은 지표면 아래로 약 100km 두께인데, 이 부분을 암석권이라고 부른다. 맨틀은 두 층으로 이루어져 있다. 윗부분은 식어서 굳은 부분이고, 아랫부분은 점성이 있는 부분이다. 암석권은 식어서 굳은 맨틀 최상부와 지각을 합쳐 부르는 말이다. 암석권 아래에는 점성이 있는 맨틀로 구성된 연약권이 있다. 각 판이 이동할 수 있는 이유는 유체처럼 이동하는 연약권 위에 떠 있기 때문이다.

외핵과의 경계면에서 가열된 맨틀은 위로 상승해 판의 하부에 도달한다. 이 맨틀이 판을 뚫고 밖으로 나오면 하와이와 같은 열점이 형성되고, 판에 균열을 만들고 올라오면 해령이 만들어진다. 오랜 시간 수평 이동을 하면서 식은 해양 지각은 밀도가 커져 대륙 지각 아래로 들어가 하부 맨틀로 내려가는데, 이 부분이 해구이다.

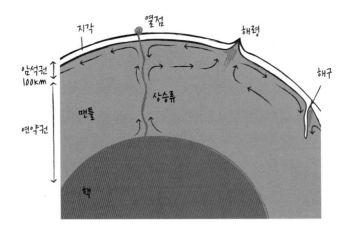

1968년, 러몬트 지질 연구소는 판의 운동을 지지하는 세계적 규모의 지진학 증거를 제시했다. 이 증거는 지진이 판의 경계에 해당하는 해령, 해구(혹은 습곡 산맥), 그리고 변환 단층에서 발생한다는 사실을 한눈에 보여 주었다. 판의 움직임은 이제 누구도 부인할 수 없는 사실로 보였다. 지질학자들은 지각의 움직임을 설명하는 자신들의 이론에 '판 구조론(Plate Tectonics)'이라는 이름을 붙였다.

판 구조론은 1912년 베게너가 발표한 대륙 이동설에서 출발해 해저 확장설을 거쳐 발전했다. 1968년 이후 시행된 심해저 시추 프로그램을 통해 해저 확장설은 확실하게 검증되었다. 만약 해저가 확장하고 있는 것이 맞는다면, 해령에서 멀리 있는 암석일수록 더 나이가 많아야 한다. 또 해저 지각은 확장하다가 다른 판을 만나면 소멸할 것이기 때문에 나이가 대륙 지각보다 적어야 한다. 그뿐 아니라 중앙 해령 근처에서 관측되는 자기 이상 줄무늬의 폭이 지구 자기가 반전되었던 역사와 시간상으로 일치해야 한다.

지질학자들은 전 지구적으로 해양 암석의 나이를 분석했다. 실제로 중앙 해령으로부터의 거리가 멀어질수록 암석의 연대가 선형적으로 증가했다. 해양 지각의 나이는 1억 년을 넘지 않았다. 이는 해저가 실제로 확장하고 있다는 확실한 증거였다.

남아메리카 대륙과 아프리카 대륙의 해안선은 왜 서로 닮았을까? 왜 대서양 한가운데는 대륙의 해안선과 거의 나란히 달리는 긴 해저 산맥이 있을까? 왜 태평양 연안은 깊은 해구로 둘러싸여 있을까? 인도 북부의 히말라야산맥은 어떻게 만들어졌을까? 왜 아메리카 대륙에는 남북으로 긴 산

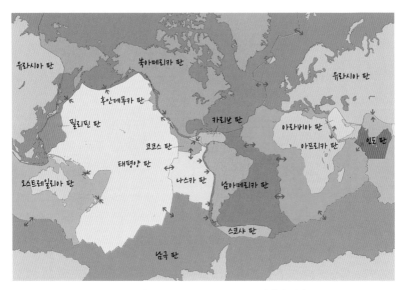

◆ **판 구조론** 지구는 상대적으로 움직이는 서로 다른 판들로 구성되어 있다.

맥이 있는 것일까? 왜 일본에는 지진이 자주 일어날까? 판 구조론은 이러한 질문들에 명쾌한 답을 제시했다.

　대륙 이동설과 해저 확장설에서 이어진 판 구조론은 지금까지 등장했던 그 어떤 지질 이론보다 지구의 현재 모습과 역사를 통합적으로 보여 준다. 따라서 오늘날 대부분의 지질학자는 판 구조론을 받아들이고 있다.

지구는 지금도 살아 움직인다

　1968년 미국 뉴욕에서 개최된 미국지구물리학회 총회에서는 해저 확장설과 판 구조론을 증명하는 자료들이 제시되었고, 다수의 과학자가 이 이론에 지지를 보냈다. 해저 확장설은 대륙 이동설이 옳았음을 보여 주었고, 이는 판 구조론의 탄생으로 이어졌다. 그래서 1968년은 일반적으로 판 구조론의 확립 시점으로 여겨진다. 베게너가 자신의 대륙 이동설을 과학계에 처음 발표한 것이 1912년이었으니, 그의 이론이 확실하게 인정받기까지 약 50년의 세월이 걸린 셈이다.

약 10억 년 전에 초대륙 로디니아가 있었다. 이 초대륙이 갈라졌다가 다시 합쳐져 약 2억 5천만 년 전 고생대 페름기 말에 또 다른 초대륙인 판게아를 형성했다. 판게아는 2억 년 전 중생대 트라이아스기에 다시 분열되기 시작했다. 1억 8천만 년 전 중생대 쥐라기 때 남쪽은 곤드와나 대륙으로, 북쪽은 로라시아 대륙으로 분리되었다. 이후 대륙은 판의 움직임에 따라 이동하면서 오늘날과 같은 대륙의 모습을 갖추었다.

판 구조론은 지구의 모습이 끊임없이 변화해 왔다는 것을 의미한다. 지구의 역사를 통틀어 대륙이 합쳐졌다가 다시 분리되는 현상은 여러 번 일어났다. 지각을 이루는 판들은 지금도 계속 움직이고 있고, 지금으로부터 약 2억 년 후에는 지구의 대륙들이 다시 모여 초대륙 아마시아를 형성할 것이라고 한다. 지구는 여전히 살아 움직이는 행성인 것이다.

또 다른 이야기 | 7억 년 전 지구는 푸른 별이 아니라 하얀 별이었다 ·····

'눈덩이 지구(Snowball Earth)'는 지금으로부터 약 7억 5,000만 년에서 6억 년 전 무렵에 지구 전체가 빙하로 뒤덮여 있었다는 가설이다. 이 시기는 고생대 바로 이전 시기인 신원생대(10억 년 전~5억 8,000년 전)에 해당한다. 이는 1992년에 캘리포니아 공과 대학교의 조지프 커쉬빙크(Joseph Kirschvink, 1953~)가 처음 주장했다. 커쉬빙크는 오스트레일리아 남부에 분포하는 빙하 퇴적층을 근거로 당시에는 적도 부근까지 빙하로 덮여 있었다고 주장했다. 적도 부근 해수면에 빙하가 있을 정도라면 지구 기온이 전체적으로 낮았을 것이다.

1998년에 하버드 대학교의 폴 펠릭스 호프먼(Paul Felix Hoffman, 1941~) 연구팀은 빙하가 바다까지 모두 뒤덮고 있었다는 가설을 발표했다. 호프만은 신원생대 빙하 퇴적층이 거의 모든 대륙에서 발견되고, 그 위에 두꺼운 석회암층이 있다는 것을 근거로 들었다. 빙하 퇴적층은 추운 날씨에서 형성되고, 석회암층은 따뜻한 환경에서 형성되는데 어떻게 두 지층이 붙어 있을까? 호프만의 설명에 의하면 빙하 퇴적층이 바다를 뒤덮고 있는 동안에도 빙하 밑의 화산은 계속 활동한다. 이때 분출되는 이산화탄소는 빙하의 갈라진 틈을 통해 대기로 방출된다. 따라서 지구 전체가 빙하로 뒤덮여도 대기 중의 이산화탄소량은 꾸준히 증가한다. 이산화탄소에 의한 온실 효과로 지구의 기온은 점차 올라가면 빙하는 녹을 것이다. 그러면 대기 중의 이산화탄소는 바닷물에 녹아 바닷물 속의 칼슘과 결합하는데, 이 과정에서 석회암의 주성분인 탄산칼슘이 형성되어 바다에 그 결과 빙하 퇴적층 위에 석회암층이 쌓일 수 있었던 것이다.

만약 이 가설이 맞는다면, 7억 년 전의 지구는 우주에서는 하얀 눈덩이처럼 보였을 것이다. 그래서 눈덩이 지구 가설은 하얀 지구 가설이라고도 한다. 오늘날 많은 지질학자들은 눈덩이 지구 가설을 받아들이고 있다.

아메리카 대륙의 모습이 밝혀지자 남아메리카와 아프리카가 한때 붙어 있었다는 주장이 간간이 등장했다. 이를 학문적 논쟁의 영역으로 끌어들인 사람은 대륙 이동설을 주장한 베게너였다. 그는 대륙들이 한때 모두 붙어 있었으나 서로 떨어져 현재의 모습이 되었다고 주장했다. 베게너는 다양한 자료를 활용해 대륙 이동의 증거를 제시했다. 북극해에 속한 지역에서 나온 아열대 식물 화석, 남극 대륙의 석탄, 여러 대륙의 내륙 빙하 흔적 등이었다. 그러나 그의 이론은 수용되지 못했다.

1920년대 말 맨틀 대류설이 등장해 대륙 이동설을 뒷받침하기는 했지만, 베게너의 이론은 1950년대가 되어서야 주목받았다. 과학자들은 암석의 고지자기와 중앙 해령의 지자기 역전 현상이 대륙 이동설의 증거라고 확신했다. 또한 지진 발생 지역이 해령, 해구 위치와 거의 일치한다는 사실도 알아냈다. 헤스는 해령에서는 해양 지각이 만들어지며, 해양 지각은 대륙 가장자리로 이동한다는 해저 확장설을 주장했다.

1960년대 말에 대륙 이동설과 맨틀 대류설, 해저 확장설을 결합한 판 구조론이 탄생했다. 판 구조론은 해령과 변환 단층으로 나뉜 판들이 서로 움직인다는 이론이다. 오늘날 판 구조론은 대륙과 해양의 변화 역사를 설명하는 가장 강력한 이론이다.

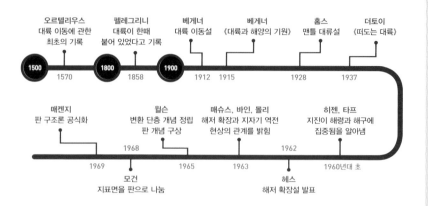

Chapter 6
먼 옛날 큰 폭발로 우주가 생겨났다고?

빅뱅 이론

이 이론들은 과거 어느 특정 시점에 있었던 빵 하는 폭발 한 번으로
우주의 모든 물질이 생겼다는 가설에 기반합니다.
- 프레드 호일 -

우주는 언제, 어떻게 만들어졌을까? 고대 메소포타미아인들은 바빌론의 수호신이자 태양의 아들인 마르두크가 바다 신 티아마트의 몸을 둘로 가르자, 그중 한 부분은 땅이 되고 나머지가 하늘이 되었다고 믿었다. 기원전 4세기 고대 그리스의 플라톤은 조물주 데미우르고스가 혼돈의 우주에 질서를 부여했다고 생각했다. 한편 기원전 1세기경 중국인들은 우주가 형체 없는 구름에서 탄생했다고 생각했다. 이들은 순수하고 깨끗한 것들은 위로 올라가서 하늘이 되었고, 반대로 무겁고 깨끗하지 못한 것들은 아래로 가라앉아 땅이 되었다고 믿었다. 기독교인들은 오늘날까지도 창조주가 7일 동안 우주를 만들었다고 믿는다.

오늘날 우주의 탄생에 관한 가장 설득력 있는 이론은 빅뱅 이론이다. 빅뱅 이론이란 약 137억 년 전에 대폭발이 일어나 우주가 생겨났다는 이론이다. 빅뱅 이론에 의하면 대폭발이 일어나기 직전에 우주의 모든 물질과 에너지가 작은 점에 모여 있다가, 우주가 폭발하는 순간 빠른 속도로 퍼져나갔다. 이로부터 빛, 공간과 시간, 은하와 별이 생겨났다. 빅뱅 이론은 빅뱅 이후에 우주가 계속 팽창했다는 가정을 전제로 한다.

빅뱅 이론은 여전히 많은 의문을 남긴다. 수많은 별과 은하가 있는 이 광대한 우주가 어떻게 작은 점 안에 모여 있었을까? 우주의 끝은 어디일까? 우주는 영원히 팽창할 수 있을까? 우주는 우리 우주 하나밖에 없을까? 빅뱅 이론이 맞는지 틀렸는지 어떻게 확인할 수 있을까? 우주 탄생의 비밀을 풀기 위한 과학자들의 노력은 오늘도 계속되고 있다.

우리 은하 밖에도 은하가 있었다?

우주 탄생에 대한 연구는 우주의 모습을 이해하기 위한 노력에서부터 시작되었다. 17세기 초, 갈릴레오 갈릴레이는 망원경을 이용해 이 우주에는 육안으로 보이는 것과는 비교할 수 없을 정도로 많은 별이 있고, 은하수는 엄청나게 많은 별의 모임이라는 사실을 알아냈다.

18세기 중반에 영국의 천문학자이자 수학자인 토머스 라이트(Thomas Wright, 1711~1786)는 갈릴레오의 관찰을 바탕으로, 수많은 별로 이루어진 은하수가 원반 모양이라고 주장했다. 또 라이트는 우주에는 우리 은하 외에 다른 은하들도 있을 것이라고 이야기하기도 했다.

과학자들은 우리 은하 밖에 또 다른 은하들이 존재한다는 사실을 어떻게 알아냈을까? 이는 성운을 연구하다가 밝혀졌다.

18세기에 천문학자들은 겉은 혜성처럼 희미한 얼룩 모양을 하고 있지만 움직임은 없는 천체들을 발견했다. 이 천체들에는 구름을 뜻하는 라틴

◐ 라이트의 우주 라이트가 생각했던 우주의 모습이다. 원반 모양의 여러 은하들이 한없이 펼쳐져 있다.

어에서 유래한 '성운(nebula)'이라는 이름이 붙었다. 19세기 들어 분광학이라는 학문이 발달하자 천문학자들은 성운이 성간 물질의 모임이라는 사실을 알아냈다. 성간 물질은 우주 공간에 흩어져 있는 가스, 먼지, 작은 암석들을 일컫는다.

과학자들은 성운에 대해 다양한 의문을 품었다. 성운들은 지구에서 얼마나 떨어져 있는 것일까? 당시 성운으로 알려져 있던 안드로메다 성운이나 삼각형 성운은 우리 은하 안쪽에 있는 것일까, 아니면 우리 은하 바깥쪽에 있는 것일까? 이 질문에 답을 얻기 위해서는 가장 먼저 성운까지의 거리를 구해야 한다. 그렇다면 성운이나 은하까지의 거리는 어떻게 잴 수 있을까?

지구에서 비교적 가까운 별까지의 거리를 구할 때는 연주 시차를 이용한다. 하지만 별이 지구에서 멀리 떨어져 있으면 연주 시차로 거리를 구하기가 어렵다. 시차가 너무 작기 때문이다. 그래서 멀리 있는 별까지의 거리를 구하는 데는 변광성(變光星)을 이용하는 방법을 쓴다.

변광성은 시간에 따라 밝기가 변하는 별을 말한다. 변광성에는 식변광성과 맥동변광성이 있다. 식변광성은 쌍을 이룬 두 별이 공동 중심을 공전하면서 서로를 가리거나 바로 옆에 붙어 있어서, 마치 1개의 별이 규칙적으로 밝기가 변하는 것처럼 보이는 변광성이다. 반면 맥동변광성은 별 자체의 크기가 커졌다가 수축했다 하면서 밝기가 주기적으로 변하는 변광성을 의미한다.

맥동변광성 중에서도 밝기 변화의 주기가 1~100일로 짧은 것을 세페이드 변광성(Cepheid variable)이라고 한다. 1784년에 네덜란드의 천문학자

존 구드릭(John Goodricke, 1764~1786)이 케페우스(Cepheus)자리에 있는 델타 별에서 발견했기 때문에, 이후 같은 유형의 변광성에 세페이드 변광성이라는 이름이 붙었다.

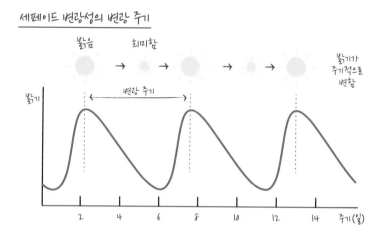

세페이드 변광성의 변광 주기

밝음　희미함　밝기가 주기적으로 변함

밝기

변광 주기

주기(일)

세페이드 변광성으로 외부 은하까지의 거리를 측정하는 방법은 미국의 천문학자 헨리에타 스완 레빗(Henrietta Swan Leavitt, 1868~1921)이 알아냈다. 미국 매사추세츠주에서 태어난 레빗은 대학교 4학년이 되어서야 천문학 강의를 처음 들었을 정도로 천문학 분야에 뒤늦게 입문했다. 그녀는 졸업 후 미국과 유럽을 여행하다가 청력을 잃은 것으로 알려져 있다.

레빗은 1893년부터 하버드 대학교 천문대에서 사진 건판에 찍힌 별들의 밝기 목록을 만드는 계산 전문가로 일하기 시작했다. 레빗이 맡은 임무는 변광성의 밝기에 대한 것이었다. 레빗는 마젤란 성운에 있는 1,777개의 변광성들을 세심하게 관찰하고 기록하기 시작했다. 1908년 그녀는 마젤

❍ 헨리에타 스완 레빗 별의 절대 등급과 변광 주기 사이의 관계를 알아냈다.

란 성운의 변광성들에서 별의 밝기와 변광 주기 사이에 일정한 규칙성이 있다는 사실을 알아냈다.

1912년, 그녀는 자신이 상상할 수 있었던 것 이상으로 천문학의 역사에 큰 발자취를 남길 연구 결과를 발표했다. 변광성의 밝기가 밝을수록 변광 주기가 더 길다는 사실이었다. 이것은 변광성의 변광 주기를 알아내기만 하면 주기와 밝기 사이의 관계에 따라 그 변광성의 실제 밝기, 즉 절대 등급을 알아낼 수 있다는 것을 의미했다. 별의 절대 등급을 알아내면 겉보기 등급과 비교해서 그 별과 지구 사이의 거리를 구할 수 있다.

절대 등급 : 32.6광년 떨어진 곳에서 본 별의 밝기
겉보기 등급 : 지구에서 보는 상대적인 별의 밝기

레빗의 발견은 성운의 정체를 밝히는 데 실마리를 제공했다. 당시에는 '성운이 어디에 위치해 있는가?'라는 질문을 둘러싸고 공개적으로 논쟁이 이루어질 정도로 성운의 위치가 뜨거운 화두이자 관심거리였다. 당시까

● 에드윈 파월 허블 허블의 법칙을 발견해 빅뱅 이론의 기초를 마련했다.

지도 우리 은하가 우주에서 유일한 은하라고 믿고 있던 대부분의 천문학자는 성운이 우리 은하 안에 있다고 주장했다. 그러나 1917년에 안드로메다 성운의 신성이 매우 희미한 것을 관찰한 일부 천문학자들은 안드로메다 성운이 우리 은하 밖에 있는 또 다른 은하라고 주장했다.

　이 문제에 답을 제시한 사람이 바로 미국의 천문학자 에드윈 파월 허블 (Edwin Powell Hubble, 1889~1953)이다. 허블은 어렸을 때부터 천문학을 좋아했지만, 그가 처음부터 천문학에 입문했던 것은 아니었다. 허블은 1911년에 시카고 대학교를 졸업했는데, 그의 첫 전공은 법학이었다. 그는 영국 옥스퍼드 대학교에서 법학 공부를 계속하면서 아마추어 권투 선수로도 활약했는데, 권투에도 재능이 있어 프로 선수가 되라는 제의까지 받았다고 한다. 학업을 마친 뒤에는 고등학교에서 교사로 일하기도 하고, 변호사로 활동하기도 했다.

　천문학자가 되겠다는 꿈을 버리지 않았던 허블은 1914년에 시카고 근처에 있는 여키스 천문대에서 일하기 시작했다. 천문학 박사 학위를 받기

○ **후커 망원경** 윌슨산 천문대에 있는 망원경으로 허블이 은하의 거리를 측정하는 데 사용했다. 20세기 초반에 가장 성능이 좋았던 망원경이다.

위해서였다. 1917년에 박사 학위를 받은 허블은 제1차 세계 대전에 참전했고, 이후 곧바로 당시 가장 좋은 천체 망원경을 보유했던 윌슨산 천문대로 갔다. 허블의 위대한 발견들은 대부분 이곳에서 이루어졌다.

1919년 허블이 캘리포니아주에 있는 윌슨산 천문대로 갔을 때, 이 천문대에는 할로 섀플리(Harlow Shapley, 1885~1972)라는 천문학자가 있었다. 섀플리는 레빗이 발견한 세페이드 변광성의 변광 주기와 밝기 관계를 이용해, 우리 은하의 지름이 약 10만 광년이며, 지구가 은하의 중심에서 벗어나 있다는 것을 알아냈다. 1광년은 빛이 1년 동안 이동한 거리를 의미한다. 태양에서 출발한 빛이 태양계의 끝을 벗어나는 데 4년 정도 걸린다고 하니, 우리 은하의 크기가 어느 정도인지 상상해 볼 수 있다.

섀플리는 성운이 우리 은하 안에 있으며, 먼지와 가스 덩어리일 뿐이라

○ **세페이드 변광성** 허블 망원경을 이용해 2010과 2011년 사이에 촬영한 안드로메다은하의 세페이드 변광성이다. 허블은 이 변광성을 이용해 안드로메다가 성운이 아니라 은하라는 사실을 밝혔다.

고 주장하던 천문학자 중 한 사람이었다. 성운에 대해 이런 논쟁이 계속된 것은 당시의 망원경이 지닌 관측 한계 때문이기도 했다.

허블은 1919년부터 1924년까지 윌슨산 천문대에서 후커 망원경을 이용해 안드로메다 성운을 계속 관찰했다. 지름이 2.5m인 후커 망원경은 허블이 윌슨산 천문대로 가기 2년 전에 만들어진 세계 최대의 망원경이었다. 후커 망원경으로 안드로메다 성운을 관찰하던 허블은 1923년 10월에 세페이드 변광성을 발견했다. 이 변광성의 변광 주기는 31.4일이었다.

허블은 변광 주기를 이용해 지구에서 안드로메다 성운까지의 거리를 계산해 보았다. 그러자 놀라운 결과가 나왔다. 지구에서 안드로메다 성운까지의 거리가 90만 광년으로 나온 것이다. 이 수치는 오늘날 우리가 알고 있는 안드로메다까지의 거리인 254만 광년과는 상당한 차이가 있다. 그럼에도 90만 광년이라는 숫자는 큰 의미를 지니고 있었다.

우리 은하계의 지름이 10만 광년이라면, 안드로메다는 우리 은하 밖에 있어야 했다. 다시 말해 안드로메다는 성운이 아니라 수많은 별로 이루어진 또 다른 은하였던 것이다. 허블은 성운이 우리 은하 안쪽에 있는지 바깥쪽에 있는지를 둘러싸고 벌어졌던 대논쟁을 종식시켰다. 또한 우리 은하 바깥쪽에 또 다른 은하가 있다는 사실을 알아냄으로써 우주의 크기를 엄청나게 확장시켰다. 이 발견으로 허블은 유명해졌다.

허블을 더욱더 유명하게 만들 새로운 천문학적 발견은 베스토 멜빈 슬라이퍼(Vesto Melvin Slipher, 1875~1969)의 연구에 기초를 두고 시작되었다. 슬라이퍼는 애리조나주에 위치한 로웰 천문대에서 평생 천문을 연구한 미국의 천문학자이다. 슬라이퍼의 가장 중요한 업적은 적색 편이 현상 발견이다. 적색 편이란 별에서 오는 빛의 파장이 빛의 스펙트럼에서 붉은색 방향으로 이동하는 현상이다. 붉은색 빛은 파장이 길고, 파장이 길다는 것은 그만큼 진동수가 낮고 에너지는 적다는 의미이다. 슬라이퍼는 1912년과 1925년 사이에 45개 성운의 스펙트럼을 관측했는데, 그중 43개의 스펙트럼에서 적색 편이 현상이 나타났다.

성운에서 적색 편이 현상이 나타난다는 것은 무엇을 뜻할까? 이것은 도플러 효과를 생각해 보면 쉽게 알 수 있다. 앰뷸런스가 내게 다가오면 경적 소리는 점점 높게 들린다. 앰뷸런스가 다가올수록 음파의 파장이 짧아지고 진동수가 늘어나기 때문이다. 우리는 파동의 진동수가 많을수록 더 높은 소리로 인식한다. 반대로 앰뷸런스가 멀어지면 음파의 파장이 늘어나면서 진동수가 줄어들기 때문에 소리가 점점 낮아지는 것처럼 들린다.

별빛에 적색 편이가 나타난다는 것은 별들이 지구로부터 점점 멀어지고 있다는 것을 뜻했다.

적색 편이 현상

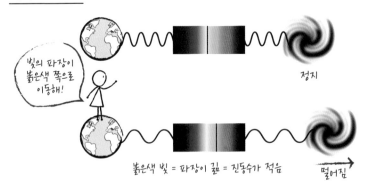

빛의 파장이 붉은색 쪽으로 이동해!

정지

붉은색 빛 = 파장이 긺 = 진동수가 적음

멀어짐

허블은 은하들에서 적색 편이 현상이 나타나는 이유를 밝혀내겠다고 결심했다. 이때쯤에는 허블의 발표로 안드로메다 성운이 사실은 성운이 아니라 은하였다는 사실이 널리 알려져 있었다.

허블은 윌슨산 천문대의 연구원이었던 밀턴 라샐 휴메이슨(Milton La Salle Humason, 1891~1972)과 팀을 이루어 슬라이퍼의 적색 편이 연구를 확장시켰다. 정식 교육을 받은 적이 없었던 휴메이슨은 윌슨산 천문대의 짐 꾼, 청소부를 거쳐 정식 연구원으로 발탁된 인물이었다. 이들은 세페이드 변광성을 이용해 여러 은하까지의 거리를 측정해 보았다. 1929년, 약 10년 동안의 연구 끝에 허블과 휴메이슨은 은하들의 적색 편이 정도가 은하까지의 거리와 관계있다는 것을 알아냈다.

은하까지의 거리와 적색 편이 사이의 관계는 오늘날 '허블의 법칙'으로 알려져 있다. 허블의 법칙은 더 멀리 있는 은하일수록 지구와 멀어지는 속도가 더 빠르다는 것을 보여 준다. 이 법칙의 의미는 명확했다. 우주는 팽창하고 있었다.

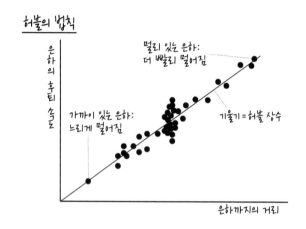

이 놀라운 추론은 곧 새로운 이론의 등장으로 이어졌다. 우주가 팽창을 계속하고 있다는 사실을 거꾸로 생각해 보자. 과거로 거슬러 올라갈수록 우리 우주는 점점 작아질 것이다. 그렇다면 어느 순간에는 우주가 하나의 작은 점에 불과했을지도 모른다.

만약 우주가 진짜로 팽창하고 있다면 팽창하기 전의 우주는 어떤 모습이었을까? 우주가 팽창하기 전에 한 점에 모여 있었다면 그것은 언제였을까? 우주는 어떻게, 왜 팽창해 가는가? 이러한 질문들은 20세기 천문학 최고의 사건인 빅뱅 이론의 탄생을 예고하고 있었다.

거대한 폭발로 우주가 태어나다

우주가 정지해 있지 않다는 사실을 수학적으로 가장 먼저 계산해 낸 사람은 물리학자 알베르트 아인슈타인(Albert Einstein, 1879~1955)이었다. 아인슈타인은 1915년에 일반 상대성 이론을 발표했고, 그로부터 2년 뒤인 1917년에 자신의 이론을 우주 전체에 적용했다. 아인슈타인은 우주가 수축해야 한다는 계산 결과를 얻었다. 아인슈타인의 중력 이론에 의하면 모든 물체는 다른 물체를 잡아당기고 있어서 결국 서로에게 가까이 다가가야 하기 때문이다.

하지만 우주가 정지해 있다고 믿던 아인슈타인은 중력 방정식을 다시 검토해 우주가 붕괴하지 않을 방법을 찾았다. 자신의 방정식에 '우주 상수'를 추가해서 방정식의 계산 결과를 수정한 것이다. 결국 아인슈타인의 우주는 중력에 의해 수축하려는 힘과 우주 상수에 의해 반대 방향으로 반발하는 힘이 함께 작용함으로써 팽창과 수축이 없는 우주가 되었다.

러시아의 물리학자이자 수학자였던 알렉산드르 알렉산드로비치 프리드만(Alexander Alexandrovich Friedmann, 1888~1925)은 우주 상수의 존재에 의문을 제기했다. 그는 우주가 정적이라는 생각을 부정했다. 1924년, 러시아 페름 주립 대학교 교수로 있던 프리드만은 우주의 밀도가 시간에 따라 변화한다고 가정하고 아인슈타인의 방정식에서 우주 상수를 제거했다. 그는 우주에 있는 물질들의 전체 질량에 따라서 우주가 팽창할 수도 있고 수축할 수도 있다는 결과를 얻었다. 물론 아인슈타인은 프리드만의 동적인 우주 모델을 좋아하지 않았다.

그로부터 약 3년 뒤인 1927년, 벨기에의 로마 가톨릭교회 사제이자 천문학자인 조르주 앙리 조제프 에두아르 르메트르(Georges Henri Joseph Édouard Lemaître, 1894~1966)는 아인슈타인의 일반 상대성 방정식에서 우주 상수를 제거함으로써 우주가 팽창하고 있음을 보여 주었다. 르메트르는 자신의 계산 결과가 슬라이퍼가 발견한 적색 편이 현상을 잘 설명할 수 있다고 생각했다.

르메트르는 우주가 팽창함에 따라 은하들이 서로 점점 멀어진다면, 과거에는 은하들이 더 가까이 있었을 것이고, 더 과거로 거슬러 올라가면 은하들이 하나로 뭉쳐 있었을 것이라고 생각했다. 만약 그보다 더 시간을 거슬러 올라가면 우주의 모든 물질이 온도와 밀도가 매우 높은 하나의 작은 구에 들어 있었을 것이다. 르메트르는 그러한 상태를 '원시 원자(primordial atom)'라고 불렀다.

르메트르가 상정한 원시 원자의 크기는 태양의 약 30배 정도였다. 그는 이 원시 원자가 폭발하면서 우주가 시작되었다고 생각했다. 원시 원자의 대폭발과 함께 에너지와 빛이 퍼져 나갔고, 시간과 공간이 만들어지면서 우주가 오늘날까지 점점 팽창해 왔다는 것이 르메트르의 주장이었다. 이를 '대폭발 이론'이라고 한다.

르메트르의 원시 원자 가설과 대폭발 이론은 빅뱅 이론의 전신이라고 볼 수 있다. 아인슈타인처럼 정적인 우주론을 지지하던 많은 물리학자는 르메트르의 생각에 반대했다. 그 이유 중에는 기독교 사제였던 르메트르의 대폭발 이론이 천지창조를 연상시킨다는 이유도 있었다.

하지만 르메트르 연구의 중요성을 알아챈 과학자들도 있었다. 그중 한 명이 르메트르가 케임브리지 대학교에서 박사 과정을 밟을 때 그를 가르쳤던 영국의 천문학자 아서 스탠리 에딩턴(Arthur Stanley Eddington, 1882~1944)이었다. 에딩턴은 1919년 개기일식 때 태양 주변의 공간이 휘어져 있는 것을 관측해 일반 상대성 이론을 증명한 것으로 유명하다.

에딩턴이 르메트르의 연구에 주목한 시기는, 허블과 휴메이슨이 허블의 법칙을 통해 우주가 팽창하고 있다는 사실을 증명한 때이기도 했다. 프리드만의 학설과 허블의 관측 결과는 거의 일치했고, 이 소식을 들은 아인슈타인은 우주 상수를 덧붙인 것을 몹시 후회했다고 한다. 르메트르 연구의 우수성을 알아본 에딩턴이 르메트르의 연구를 영어로 소개하면서부터 대폭발 이론이 알려지기 시작했다.

1930년대와 1940년대를 거치면서 르메트르의 우주 생성 이론은 '빅뱅(Big Bang)'이라는 이름을 얻었다. 빅뱅이라는 이름은 영국의 천문학자 프레드 호일(Fred Hoyle, 1915~2001)에게서 나왔다. 대폭발 이론을 반대했던 호일은 한 라디오 방송에서 '우주가 빵(빅뱅, big bang) 하고 태어났을 리가 없다.'라고 조롱했는데, 이때 그가 말한 '빅뱅'이 그대로 대폭발 이론의 이름으로 굳어졌다.

우주가 팽창한다는 사실이 널리 수용되자 1940년대에는 우주의 팽창을 설명하는 모델들이 발표되어 서로 경쟁을 벌였다. 그중 하나는 빅뱅 이론이었고, 다른 하나는 '정상 우주론(Steady State theory)'이었다. 당시 천문학자들과 물리학자들은 주로 정상 우주론을 받아들이고 있었다.

대폭발 이론에 본의 아니게 '빅뱅'이라는 이름을 붙여 주었던 프레드 호일이 정상 우주론을 처음 주장한 과학자였다. 정상 우주론을 수용한 과학자들은 우주가 시간과 공간에 관계없이 항상 균질하고 일정한 밀도를 유지한다고 주장했다. 이들은 우주가 팽창하더라도 은하의 중심에서 새로운 물질과 별이 계속 만들어지기 때문에 우주의 밀도가 일정하게 유지된다고 생각했다.

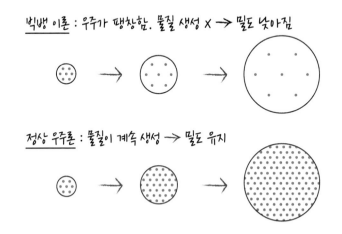

러시아 출신의 미국 천문학자 조지 가모(George Gamow, 1904~1968)는 정상 우주론에 반대했고, 빅뱅 이론이 확산되는 데 기여했다. 가모는 허블, 프리드만, 르메트르의 선구적인 연구를 토대로 우주의 초기 상태를 규명하고자 했고, 이를 바탕으로 1948년에 빅뱅 이론을 주창했다. 가모는 자신의 제자인 랠프 애셔 앨퍼(Ralph Asher Alpher, 1921~2007), 로버트 허먼(Robert Herman, 1914~1997)과 함께 연구한 결과, 온도와 밀도가 매우 높은 원시 불덩이 상태였던 초기 우주가 팽창하면서 점차 식었다고 주장했다. 가모 연구팀은 우주가 초고온 상태에서 폭발했다면, 분명히 우주에 그 흔적이 남았을 것이라고 생각했다. 이들은 계산을 통해 오늘날의 우주는 절대 영도인 -273℃(0K)보다 약 10℃ 정도 높은 빛 속에 잠겨 있을 것이라고 예측했다.

빅뱅 이론에 의하면, 빅뱅이 일어나고 10^{-32}초가 지났을 때, 쿼크나 전자와 같은 입자들이 만들어졌고, 약 0.0001초 후에 쿼크 입자들이 서로 결합해 양성자와 중성자가 생겨났다. 시간이 더 지나 100초가 되자 우주의 온도가 내려가서, 양성자와 중성자가 결합해도 더 이상 빛에 의해 다시 분해되지 않게 되었다. 그렇게 양성자와 중성자가 결합해 수소와 헬륨 원자의 핵을 만들었다. 50만 년이 지나자 우주의 온도는 약 6000℃까지 떨어졌고, 원자핵들이 전자들과 결합해 원자들을 생성하기 시작했다. 그 이전까지는 온도가 너무 높아서 원자가 생기더라도 강한 빛과 충돌해서 즉시 다시 분해되고 말았지만, 이때부터 물질과 빛이 서로 분리된 상태로 우주가 유지되었다.

전자가 원자핵과 결합하기 전에는 우주에 흩어져 있던 원자핵과 전자와 빛이 계속 충돌했다. 전자는 크기가 매우 작아서 빛을 잘 산란시킨다. 반면 전자에 비해 크기가 상대적으로 큰 원자는 빛을 잘 산란시키지 못한다. 전자들이 원자 속으로 들어가자, 빛은 더 이상 산란되지 않았다. 우주가 전자로 채워져 있을 때는 빛이 전자에 계속 부딪히면서 산란을 계속했기 때문에 우주는 마치 구름 속에 있는 것처럼 탁한 상태였다. 하지만 빛이 더 이상 산란되지 않자 우주는 맑게 갠 것 같아졌다. 이는 빛이 이제 멀리까지 자유롭게 뻗어 나갈 수 있게 되었음을 의미한다.

가모는 우주가 맑고 투명해진 후 자유롭게 움직이기 시작한 이 빛이 오늘날에도 화석처럼 남아서 우주를 떠돌고 있을 것이라고 생각했다. 빅뱅 후 50만 년에 만들어진 이 빛이 빅뱅 이후 약 137억 년이 흐른 오늘날에도 변하지 않은 채로 말이다.

사실 빅뱅 50만 년 후, 즉 우주 나이 50만 년에 생성된 빛이 지금까지 전혀 변하지 않을 수는 없다. 우주가 팽창을 계속하면서 우주의 온도는 계속 내려갔고, 이에 따라 빛의 파장이 길어졌기 때문이다. 우주 나이 50만 년에 생성된 빛은 대부분 파장이 10^{-6}mm이었다. 이것은 자외선의 파장에 해당한다. 이후 이 빛의 파장은 1mm 길이로 늘어났다. 파장이 1mm인 빛은 마이크로파에 해당하며, 마이크로파의 온도는 약 -270℃(2.7K)이다.

우주 나이 50만 년에 생성되어 냉각된 이 빛은 복사의 형태로 전 우주 공간에 퍼져 있을 것이다. '우주 배경 복사(Cosmic Microwave Radiation)'라고 불리는 가장 오래된 그 빛은 빅뱅 이론을 뒷받침해 주는 증거가 될 것이었다. 하지만 우주 배경 복사를 찾는 일은 1960년대가 될 때까지 잊혔다.

빅뱅 이론을 뒷받침하는 가장 강력한 증거인 우주 배경 복사는 정작 우주 배경 복사에는 아무 관심도 없었던 두 천문학자가 발견했다. 바로 미국 뉴저지주에 있는 벨 연구소의 물리학자이자 전파천문학자 아노 앨런 펜지어스(Arno Allan Penzias, 1933~)와 천문학자 로버트 우드로 윌슨(Robert Woodrow Wilson, 1936~)이었다. 당시 이들은 전파천문학 연구용으로 사용하기 위해 극저온 마이크로파를 감지할 수 있는 전파 안테나를 개조하고 있었다.

1964년, 고감도 송수신 시스템을 구축해 우주 공간에서 지구로 입사되는 전자기파를 관측하던 중에 펜지어스와 윌슨은 특이한 관측 결과를 얻었다. 비록 미약하기는 하지만, 일정한 파장의 전파 잡음이 안테나에 계속

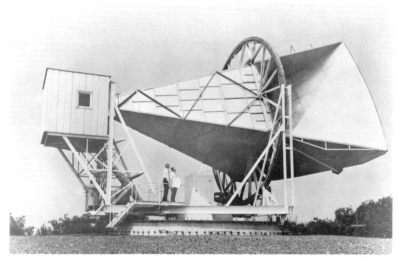

○ **우주 배경 복사를 포착한 안테나** 안테나에 포착되는 미약한 전파 잡음이 우주 배경 복사였다. 사진 속의 두 사람은 펜지어스와 윌슨이다.

감지되는 것이었다. 잡음처럼 감지되는 전자기파는 -270℃의 온도에 해당하는 마이크로파였다.

　처음에 두 사람은 잡음의 원인이 지구라고 생각했다. 하지만 그렇다고 하기에는 전파가 너무 미약했다. 만약 이 마이크로파가 어떤 별에서 온 것이라면 마이크로파는 한 방향에서만 감지되어야 했다. 하지만 분명 마이크로파는 우주의 모든 방향에서 오고 있었다. 이 전자기파는 바로 우주 배경 복사라고밖에 해석할 수 없었다.

　가모의 예측이 맞았음을 보여 준 이들의 연구 결과는 1965년에 발표되었고, 이는 빅뱅 이론에 대한 확실한 증거로 인정받았다. 두 사람은 우주 배경 복사를 발견한 공로로 1978년에 노벨 물리학상을 받았다.

◐ **우주 배경 복사 분포** 군데군데 나타나는 밀도 차이는 우주 배경 복사가 나타날 당시 물질 밀도가
균일하지 않았다는 증거이다. 천문학자들과 물리학자들은 이 불균일함이 은하와 별을 탄생시켰다고
본다.

빅뱅 이론을 지지하는 강력한 증거는 우주 배경 복사 말고도 또 있다.
바로 가벼운 원소인 수소와 헬륨의 질량비이다. 빅뱅 이론에 의하면 빅
뱅 후 10^{-32}초에 에너지가 물질로 전환되면서 쿼크와 전자가 생기고, 약
0.0001초가 지났을 때 쿼크 입자들이 강한 상호 작용에 의해 결합해 양성
자와 중성자를 만들어 냈다.

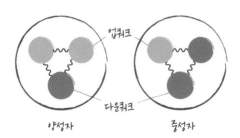

중성자의 질량은 양성자보다 0.1% 정도 더 크다. 이것은 중성자의 질량이 양성자와 전자의 질량을 합친 것과 같다는 사실을 의미한다. 아인슈타인의 $E=mc^2$ 공식에 따르면, 중성자의 에너지는 양성자의 에너지보다 더 크다. 중성자는 홀로 있으면 불안정하기 때문에 양성자와 전자로 바뀌면서 여분의 에너지를 방출한다.

우주의 나이가 100분의 1초일 때는 우주가 약 1000억℃ 정도로 뜨거웠고 밀도도 아주 높았기 때문에, 새로 만들어진 양성자들은 고에너지 빛 입자와 충돌하면서 에너지를 얻었고, 이 에너지를 이용해 전자와 다시 결합해 중성자로 전환될 수 있었다. 빅뱅 이후 약 1초까지는 양성자의 수와 중성자의 수가 거의 같았던 것이다.

그런데 빅뱅 후 약 1초가 지나 우주의 온도가 100억℃로 낮아지자 이 전환이 원활하게 이루어지지 않았다. 우주가 식으면서 빛이 가진 에너지가 양성자를 다시 중성자로 전환시킬 만큼 충분히 강하지 않게 되었기 때문이다. 시간이 지나면서 양성자의 수는 점점 많아졌고, 결국 양성자와 중성자의 숫자는 7:1의 비율로 고정되었다. 이 당시 우주는 양성자, 즉 수소 원자핵으로 채워져 있었다고 할 수 있다.

우주 시간이 약 15초쯤 지나 우주의 온도가 약 30억℃로 떨어지자 양성자와 중성자는 보다 안정된 상태로 결합하기 시작했다. 대규모 핵융합 반응이 일어나기 시작한 것이다. 먼저 양성자는 중성자와 결합해 중수소 핵을 형성했다. 시간이 3분 정도 흘러 우주의 온도가 약 10억℃로 떨어지자 중수소와 양성자, 중성자가 결합해 헬륨의 원자핵을 만들었다.

이 당시 우주에는 양성자와 중성자가 7:1의 비율, 즉 14:2의 비율로 있었다. 이 중 양성자 2개와 중성자 2개가 합쳐져서 헬륨의 원자핵을 만들었고, 남은 양성자 12개는 수소의 원자핵을 이루게 되었다. 이는 양성자, 즉 수소가 우주 물질 질량의 75%를 차지할 것이고, 나머지 25%는 헬륨이 차지하고 있음을 의미한다.

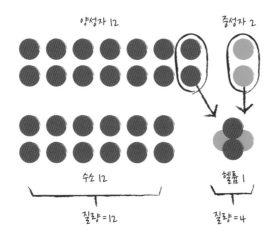

우주의 물질 비율

빅뱅 후 1초 - 양성자 : 중성자 = 1 : 1

빅뱅 후 3분 - 양성자 : 중성자 = 7 : 1 → 수소(75%)와 헬륨(25%) 생성

천문학자들은 별빛의 스펙트럼을 분석하는 방법을 통해 탄생한 지 오래된 별들이 수소 75%와 헬륨 25%로 구성되어 있음을 알아냈다. 이는 1940년대 가모가 예상했던 그대로였다. 수소나 헬륨과 같은 가벼운 원소의 비율을 예견하고 관측으로 이를 증명함으로써 빅뱅 이론은 완전한 승리를 거두는 것처럼 보였다.

우주가 순간적으로 팽창해 물질이 고르게 분포하다

1970년대 들어 과학자들은 빅뱅 이론에 몇 가지 문제가 있음을 알아냈다. 지평선의 문제와 평탄성의 문제였다.

먼저 '지평선의 문제(horizon problem)'를 보자. 지평선이란 주어진 우주 나이에 빛이 주파할 수 있는 최대 거리를 의미한다. 지평선 문제는 '왜 우주는 어느 방향을 보아도 거의 비슷하게 보이는가?'라는 문제이다. 우주의 나이는 허블의 법칙을 이용해서 구할 수 있다. 허블의 법칙에 의하면, 어떤 은하가 멀어져 가는 속도는 허블 상수(H)와 우리 은하로부터의 거리를 곱한 값과 같다. H값을 알면 은하들의 후퇴 속도를 알 수 있고, 이로써 빅뱅으로부터 시간이 얼마나 흘렀는지를 계산할 수 있다. 이렇게 구한 우주의 나이는 약 137억 년이다.

우주가 약 137억 년 전에 탄생해 모든 방향으로 팽창해 나갔다면, 우주 양 끝 사이의 최대 거리는 약 274억 광년이 될 것이다. 이론상으로 우주에 존재하는 물질들은 빅뱅부터 현재까지 빛이 이동할 수 있는 최대 거리인 137억 광년 내에서만 상호 작용을 할 수 있다. 현재 우리가 알기로는 빛보다 더 빨리 갈 수 있는 것은 없기 때문이다. 따라서 어떤 정보가 우주의 한쪽 끝에서 다른 쪽 끝으로 전달되는 것은 불가능해 보인다. 1초 동안 2초를 갈 수는 없는 것처럼, 137억 년 동안 274억 광년을 갈 수는 없을 테니 말이다.

그런데 어떻게 우주는 대부분의 공간에서 온도와 밀도가 일정할 수가 있을까? 왜 우주 배경 복사의 온도는 어디서나 거의 같을까? 이러한 정보들은 우주의 한쪽 끝에서 다른 쪽 끝으로 어떻게 전달된 걸까? 이것이 바로 지평선의 문제이다.

또 다른 문제는 '평탄성의 문제(flatness problem)' 이다. 아인슈타인의 일반 상대성 이론에 의하면 질량을 가진 물체 주위에서는 공간이 휜다. 이 개념을 우주 전체에 적용하면 우주 역시 휘어 있다. 휘어진 모양은 밖으로 볼록할 수도 있고, 안으로 휘어 있을 수도 있고, 아니면 아예 휘어 있지 않고 평탄할 수도 있다. 평탄한 우주는 우주의 중력 에너지와 질량 에너지가 서로 상쇄되어 공간의 곡률이 0이 되는 우주이다.

문제는 현재 우리의 우주가 관측상으로 평탄한 우주라는 것이다. 현재와 같은 평탄한 우주가 되려면, 우주 나이가 10^{-35}초 되었을 때, 우주는 10^{-52}의 오차 범위 내에서 거의 완벽하게 평탄해야만 했다고 한다. 많은 천문학자들은 우리 우주가 초기에 왜 그렇게 평탄했는지에 대해 의문을 제기했다.

1981년, 매사추세츠 공과 대학교(MIT)의 젊은 연구원이 지평선의 문제와 평탄성의 문제를 모두 해결할 수 있는 혁명적인 방안을 생각해 냈다. 그는 바로 이론물리학자 앨런 하비 구스(Alan Harvey Guth, 1947~)였다. 구스는 '급팽창 이론(Inflation Theory)'를 내놓았다. 급팽창 이론은 빅뱅 이후 시간이 10^{-35}초 지났을 때, 우주 공간이 아주 짧은 시간 동안 빛보다 빠른 속도로 기하급수적으로 팽창했다는 이론이다. 급팽창이 일어날 때 10^{-35}초마다 우주의 크기가 2배씩 급격히 늘어나, 10^{-32}초가 되었을 때는 크기가 1070배까지 확장되었다.

물리학자들은 만약 급팽창이 일어나지 않았다면, 우주는 자체 중력에 의해 다시 수축하고 말았을 것이라고 생각한다. 또 급팽창이 없었다면 별이나 은하는 탄생할 수 없었을 것이라고도 본다. 급팽창이 일어나기 전 우주는 균일했기 때문이다. 급팽창 이론에서는 급팽창 과정에서 우주의 밀도가 불균일해졌기 때문에 별들과 은하가 탄생할 수 있었다고 설명한다. 빅뱅만큼이나 급팽창이 중요했다는 것이다.

그렇다면 급팽창 이론은 지평선의 문제를 어떻게 해결했을까? 오늘날 우리가 보는 거대한 우주는 아주 작았던 초기 우주가 팽창한 것이다. 급팽창 이전의 우주에서는 우주 반경이 정보 이동 범위보다 작았기 때문에, 정보들이 한쪽 끝에서 다른 쪽 끝으로 쉽게 전달될 수 있었다. 이렇게 정보를 공유했던 초기 우주가 아주 짧은 시간 동안 10^{70}배로 급팽창을 했기 때문에 우주의 어느 쪽에서나 밀도나 온도가 같은 현상이 나타날 수 있었다. 우주 배경 복사처럼 말이다.

급팽창 이론은 평탄성의 문제도 해결해 준다. 작은 풍선이 하나 있다고 상상해 보자. 이 풍선은 우리 눈에는 둥근 모양으로 보일 것이다. 하지만 이 풍선을 지구 크기만 하게 팽창시킨다면, 풍선의 표면이 편평하게 보일 것이다. 지구를 우주에서 바라보면 지구가 둥글게 보이지만 지표면에서 지구를 보면 지구는 편평한 것과 같다. 급팽창 이론에 따르면 우주의 편평함도 마찬가지다. 우주 초기에 일어난 급팽창은 우주를 순식간에 어마어마한 크기로 팽창시켰다. 따라서 우리 눈에는 우주의 표면이 편평하게 펴져서 마치 직선처럼 보인다는 것이다.

그렇다면 급팽창을 일으킨 에너지는 어디에서 왔을까? 천체물리학자들은 상전이(相轉移) 현상으로 이것을 설명한다. 상전이란 수증기가 물로 변하거나 물이 수증기로 변하는 것과 같이 외부의 물리적 조건에 따라 물

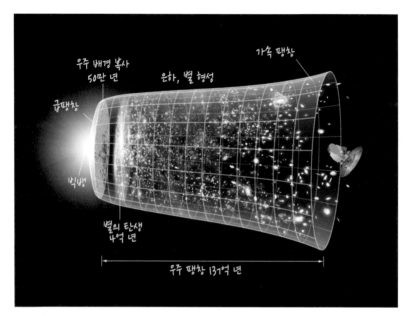

우주 배경 복사
50만 년

급팽창

빅뱅

별의 탄생
4억 년

가속 팽창

은하, 별 형성

우주 팽창 137억 년

○ **우주의 확장** 급팽창 이론이 반영된 우주 개념도이다.

질의 상태가 한 형태에서 다른 형태로 바뀌는 현상을 말한다. 우주에서의 상전이는 우주의 에너지가 상태를 바꾸면서 일어난다.

급팽창 이론은 이러한 상전이 현상을 빅뱅 이론에 적용시켰다. 자연계에는 4가지 기본 힘이 존재하는데, 바로 중력, 전자기력, 약한 상호 작용(약력), 강한 상호 작용(강력)이다. 우주가 시작되었을 때, 이 4가지 힘은 하나로 합쳐져서 통일된 초힘을 이루고 있었다. 우주 나이가 10^{-43}초가 되었을 때, 4가지 힘 중에서 중력이 가장 먼저 갈라져 나왔다. 이것이 최초의 우주 상전이이다. 수증기가 물로 변할 때 열이 방출되는 것처럼 우주 상전이가 일어날 때도 에너지가 발생했다. 두 번째 상전이는 우주 나이가

10^{-35}초가 되었을 때 일어났다. 강한 상호 작용이 갈라져 나온 것이다. 바로 이 두 번째 상전이가 일어날 때 엄청난 에너지가 방출되면서 급팽창이 가능해졌다고 할 수 있다.

그렇다면 가장 처음, 시간이 0이었던 때로 돌아가 보자. 우주는 처음에 어떻게 시작될 수 있었을까? 빅뱅 이전에는 무엇이 있었을까? 물리학자들은 양자역학의 불확정성 원리를 이용해 이에 대한 답을 얻고자 한다.

불확정성 원리란 전자와 같이 매우 작은 미립자는 그 속도와 위치를 동시에 정확하게 측정할 수 없다는 것이다. 양자역학의 세계에서는 입자들이 존재했다가 소멸되었다가 할 수 있다. 마찬가지로 빅뱅 이전의 진공은 비어 있었던 것이 아니라 입자들이 생성되었다가 소멸하는 양자 요동이 일어나는 공간이었다.

진공의 양자 요동이 우주를 탄생시켰다는 이 아이디어는 1973년에 뉴욕주 시티 대학교의 에드워드 포크 트라이언(Edward Polk Tryon, 1940~)이 처음 발표했다. 트라이언의 가설에 따르면 137억 년 전에 어떤 양자 요동이 나타났는데 그것이 사라지지 않고 갑자기 폭발하며 팽창했고, 그렇게 우주가 시작되었고, 그로부터 137억 년이라는 시간이 흘렀다.

우주의 탄생 과정

시간	사건	사건 개요
0	빅뱅	양자 불확정성으로 우주가 출현
10^{-43}초	플랑크 시대	초힘 존재 : 중력, 강력, 약력, 전자기력이 통일된 힘 최초의 우주 상전이 : 중력이 초힘에서 갈라짐
10^{-35}초	급팽창	두 번째 우주 상전이 : 강력이 초힘에서 갈라짐 급팽창이 일어나 우주가 급속하게 팽창함
10^{-32}초	빛과 물질 형성	물질(쿼크, 전자)과 반물질이 만들어짐
10^{-10}초	전자기력, 약력 상전이	전자기력과 약력이 초힘에서 갈라짐 → 자연의 4가지 기본 힘이 모두 별개로 존재
0.0001초	양성자와 중성자 형성	쿼크의 결합 → 양성자와 중성자 생성
100초	가벼운 원소 형성	양성자와 중성자 결합 → 수소와 헬륨의 핵 생성
50만 년	원자의 생성	원자핵과 전자 결합 → 최초의 원자 생성 전자가 원자 속으로 들어가 갇힘 → 빛이 뻗어나가 우주 배경 복사가 됨
10억 년	은하의 생성	중력의 작용으로 별과 은하 탄생
137억 년	현재	

우주의 대부분인 암흑 물질과 암흑 에너지의 실체는 무엇일까?

오늘날 대부분의 천문학자들이나 물리학자들은 빅뱅 이론을 받아들이고 있다. 하지만 빅뱅 이론이 완성되려면 여전히 해결해야 할 과제들이 남아 있다.

그 첫 번째 과제는 암흑 물질과 암흑 에너지의 존재이다. 우리가 눈으로 볼 수 있는 별과 은하는 전체 우주 질량의 4% 정도에 불과하다. 천문학자들은 나선 은하에 있는 별들의 움직임을 관찰한 결과 별과 은하의 움직임이 안정적으로 유지되기 위해서는 우리가 관측할 수 있는 물질보다 질량이 약 20배는 큰 물질이 존재해야 한다고 예상했다. 천문학자들은 이 '잃어버린 질량' 중 23%는 암흑 물질, 73%는 암흑 에너지로 구성된다고 생각한다. 이중 암흑 에너지는 중력과 반대 방향으로 밀어내는 힘으로, 우주의 팽창을 가속하는 중요한 역할을 하는 것으로 알려져 있다. 과학자들의 암흑 물질과 암흑 에너지의 실체를 알아내기 위해 노력하고 있다.

또 하나의 큰 과제는 초힘을 이해하는 것이다. 초힘은 중력, 전자기력, 강력, 약력이 하나로 묶여 있었던 힘이다. 과학자들은 초힘을 하나로 통일해 설명할 수 있는 이론을 찾으면 우주의 탄생을 더 잘 이해할 수 있을 것이라고 생각한다.

천체물리학자들과 천문학자들은 눈에 보이는 우주를 연구하기 시작해, 우주의 기원에 관한 질문을 계속 이어 갔다. 그들은 지금도 우주의 탄생에 관한 수수께끼에 한 발 한 발 다가가고 있다. 물론 아직 완성되지는 않았지만 말이다.

고대 그리스의 에피쿠로스(Epicouros, 기원전 341~기원전 270)는 무한한 우주 어딘가에 우리가 모르는 생명체가 살지도 모른다고 생각했다. 20세기 후반 《코스모스》의 저자 칼 에드워드 세이건(Carl Edward Sagan, 1934~1996)은 넓은 우주에 인간만 산다면 공간 낭비라고 말했다. 물론 모든 과학자가 외계 생명체를 긍정한 것은 아니다. 물리학자 엔리코 페르미(Enrico Fermi, 1901~1954년)는 지금 지구에 외계인이 없다는 바로 그 사실이야말로 외계인이 존재하지 않는 증거라고 주장했다.

과학자들은 외계 생명체가 골디락스 존에 살 것이라고 생각한다. 골디락스 존은 별에서 너무 멀지도 가깝지도 않아서 온도가 적당하고 물이 존재하는 행성이 있는 지역이다. 바로 지구와 화성이 골디락스 존에 있다. 지구에서 600광년 떨어진 시그너스 성단의 케플러-22b 행성도 골디락스 존에 있어서 외계 생명체가 있을 가능성이 높다. 하지만 인 대신에 비소를 이용하는 생명체가 발견되자, 인간에게 적합한 환경에 외계인이 살 것이라는 추측은 인간 중심적이라는 비판이 나오기도 했다.

SETI(Search for Extraterrestrial Intelligence)는 외계의 지적 생명체가 보낸 전파를 찾으려는 프로젝트이다. 미국의 천문학자 프랭크 도널드 드레이크(Frank Donald Drake, 1930~)는 우리 은하 안에 1,000개 이상의 외계 문명이 있을 것이라고 계산했다. 그는 1960년에 오즈마 프로젝트를 진행하며, 인공적인 전파는 주기성과 반복성을 가진다는 전제 아래 전파를 분석했다. 프로젝트는 큰 성과를 내지 못했다. 1977년에 궁수자리에서 와우 신호라는 특정 주파수 범위의 강력한 전파가 72초간 수신된 적이 있지만, 반복적이지는 않았기 때문에 그 정체에 대해서는 여전히 논쟁 중이다. 외계에서 보내는 인공적인 전파를 찾아내려는 과학자들의 시도는 계속되고 있다. 2016년에는 브레이크스루 리슨(Breakthrough Listen) 프로젝트가 시작되었는데, 10년 동안 약 100만 개의 별에서 오는 신호를 분석할 예정이다.

빅뱅 이론은 우주의 모든 물질과 에너지가 하나의 작은 점에 모여 있다가 대폭발이 일어나 물질과 에너지, 빛, 공간, 시간, 은하, 별이 생겨났다는 이론이다. 빅뱅 이론은 우주가 계속 팽창한다는 생각에서 출발했다. 레빗이 별과의 거리를 계산하는 법을 알아내자 허블은 안드로메다은하까지의 거리를 계산해 우리 은하 밖에 다른 은하가 있다는 것을 보였다. 허블은 은하와의 거리가 멀수록 지구와 멀어지는 속도가 더 빠르다는 사실도 알아냈다. 우주는 팽창하고 있었다. 프리드만은 우주가 팽창하거나 수축할 수도 있음을 계산해 냈다. 이후 르메트르가 원시 원자의 폭발로 우주가 생겨났다고 주장했다. 이 이론에 훗날 빅뱅 이론이라는 이름이 붙었다.

　가모는 우주의 어딘가에 대폭발의 흔적이 분명히 남아 있을 것이라고 생각했다. 우주 배경 복사라는 빅뱅의 흔적은 펜지어스와 윌슨이 찾아냈다. 과학자들은 우주를 이루는 가벼운 원자들의 비율도 빅뱅의 증거라고 생각한다. 빅뱅 이론은 지평선의 문제와 평탄성의 문제에 부딪히기도 했다. 1980년대 초에 구스는 급팽창 이론을 제시함으로써 이 문제들을 해결했다. 여전히 해결해야 할 과제들이 있지만, 빅뱅 이론은 우주의 기원에 대한 이론 중 가장 정설로 받아들여지고 있다.

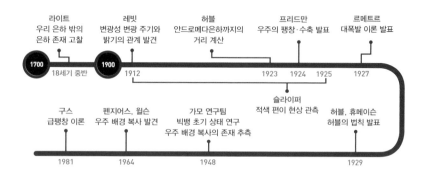

Chapter 7

우리 행성에 위험이 닥치다

지구 온난화

열은 중력과 마찬가지로 우주의 모든 본질을 관통한다.
– 장 바티스트 조지프 푸리에 –

북극곰의 서식지는 베링해, 시베리아 북부, 그린란드, 알래스카 등지의 북위 89°46′~52°35′에 걸쳐 있다. 북극곰은 생존을 위해 다 자란 바다표범을 열흘에 한 마리씩은 먹어야 한다. 북극곰은 바다표범을 사냥하기 위해, 빙하가 녹아 물에 떠 있는 얼음덩어리인 해빙을 타고 바다로 나아간다.

지구 온난화로 기온이 상승하면서 북극곰이 탈 해빙이 매년 빠른 속도로 사라지고 있다. 북극곰은 원래 여름이 되면 얼음이 녹는 해안을 떠나 육지에서 생활하는데, 북극곰이 육지에서 생활하는 시간이 점점 길어지고 있다. 이는 북극곰이 먹이를 잡기 위해 이동해야 할 거리가 길어졌다는 의미이다. 우리는 해빙이라는 이동 수단이 없어진 북극곰이 바닷속에서 힘들게 헤엄치는 모습을 종종 볼 수 있다.

지구의 연평균 기온은 400~500년을 주기로 1.5℃ 정도의 범위 안에서 변화한다. 15세기부터 19세기까지는 비교적 기온이 낮은 시기였다. 그러니 어쩌면 20세기부터 기온이 오른 현상이 자연스럽다고 생각할 수도 있다. 하지만 과학자들은 대기 온도 상승이 자연스러운 현상이 아니라 인위적인 온실 기체 증가와 상관이 있다는 사실을 알아냈다. 지구의 기온을 상승시키는 온실 기체에는 이산화탄소, 메탄, 수증기 등이 있다.

지구 온난화는 과학자들의 노력만으로는 막을 수 없기 때문에 정부 차원의 전 지구적 노력이 필요하다. 오늘날 국제 사회는 지구 온난화 문제를 해결하기 위해 서로 협력하고 있다.

지구가 뜨거워지기 이전에 빙하기가 있었다

모든 물체는 자신의 온도에 해당하는 만큼의 복사 에너지, 즉 열과 빛을 방출한다. 태양 또한 마찬가지다. 태양에서 나온 태양 복사 에너지는 지구에 도달해 지표면을 데운다.

태양 복사 에너지가 지구로 끊임없이 도달함에도 불구하고 지구가 더이상 뜨거워지지 않는 이유는 무엇일까? 바로 지구가 자신이 흡수한 태양 복사 에너지를 다시 지구 밖으로 방출하기 때문이다. 이때 지구가 내보내는 에너지를 지구 복사 에너지라고 한다.

지구가 받는 태양 복사 에너지의 양과 지구가 방출하는 지구 복사 에너지의 양이 같기 때문에 지구의 온도는 계속 상승하지 않을 수 있다. 이것을 '지구의 복사 평형'이라고 한다. 물론 복사 평형으로 지구 온도의 균형이 이루어졌다는 것은 이론상의 이야기이다.

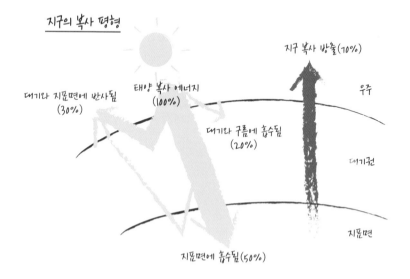

세상을 바꾼 지구과학

실제로는 지구의 온도가 점차 상승하고 있다. 1850년부터 2000년까지 지구 평균 기온은 0.75℃ 높아졌다. 이를 어떻게 해석할 것인지를 둘러싼 논쟁은 지금도 계속되고 있다. 기온 상승이 기온 변화 주기에 따른 자연스러운 변화인지, 아니면 인위적인 영향을 받아 나타난 결과인지, 혹은 인위적인 영향이 자연스러운 기온 상승을 가속화하는 것인지 정확하게 알 수는 없다. 하지만 분명한 것은 어떤 방식으로 보더라도 지구가 방출하는 지구 복사 에너지의 양보다 지구로 도달하는 태양 복사 에너지의 양이 더 많다는 사실이다.

많은 과학자들은 지구 기온 상승의 주범이 온실 기체라고 생각한다. 이산화탄소, 메탄, 수증기 등의 온실 기체는 지구 전체 대기의 약 1%를 차지한다. 온도가 높은 태양은 적외선, 가시광선, 자외선 등 다양한 파장의 복사 에너지를 방출하지만, 상대적으로 온도가 낮은 지구는 파장이 긴 적외선 형태로만 복사 에너지를 방출한다. 이산화탄소와 같은 온실 기체는 지구에 도달하는 짧은 파장의 태양 복사 에너지는 통과시키지만, 지구에서 방출하는 긴 파장의 복사 에너지는 대부분 흡수해 버린다. 적외선을 흡수해 온도가 높아진 온실 기체는 사방으로 복사 에너지를 방출하고, 그렇게 방출된 복사 에너지가 지구 표면과 지구 대기를 데움으로써 온실 효과가 나타난다.

태양 복사 에너지의 양과 지구 복사 에너지의 양에 대해 처음으로 견해를 제시한 과학자는 프랑스의 수학자이자 물리학자인 장 바티스트 조제프 푸리에(Jean Baptiste Joseph Fourier, 1768~1830)이다. 13살에 처음으로 수학에 흥미를 느낀 푸리에는 수도사가 되기를 포기하고 수학자의 길을 택

○ **장 바티스트 조제프 푸리에** 지구가 방출하는 열의 일부가 대기에 머문다고 주장했다.

했다.

그는 프랑스 혁명 기간에 혁명 위원회에서 활동하기도 했는데 바로 그때문에 2번이나 목숨이 위험한 상황에 부닥쳤다. 프랑스 혁명이 끝나고 나서 푸리에는 파리의 고등사범학교에서 유명한 수학자 라그랑주, 라플라스, 몽주 등의 가르침을 받았고, 이후 나폴레옹이 설립한 관료 육성 학교인 에콜 폴리테크니크에서 학생들에게 수학을 가르쳤다. 1798년에는 과학 자문 역할로 나폴레옹의 이집트 원정에 동반했으며, 이후 이제르주의 장관으로 임명되기도 했다. 푸리에는 바로 이곳에서 열에 관한 연구를 시작했다.

고체 물질에서의 열전도를 연구해 푸리에 방정식이라고 부르는 열전도 방정식을 만들어 낼 만큼 열에 관심이 많았던 푸리에는 '지구와 같은 행성의 평균 온도는 어떻게 결정되는가?', '태양에서 오는 빛이 지구의 표면을 계속 데울 텐데 왜 지구는 더 뜨거워지지 않는 것인가?'와 같은 의문을 던졌다. 푸리에는 태양 복사 에너지로 지구가 가열되면, 지구는 보이지 않는 적외선을 복사해 열을 우주로 내보낼 것이라고 생각했다. 푸리에는 자신의 이론을 바탕으로 지구의 온도를 계산해 보았다. 그러나 계산 결과 지구의 표면 온도는 0℃보다도 낮았다.

푸리에는 자신의 계산 값과 실제 지구의 온도가 차이가 나는 이유를 생각해 보았다. 그 이유를 찾기 위해 푸리에는 스위스의 유명한 등반가이자 물리학자, 지질학자인 오라스 베네딕트 드 소쉬르(Horace Bénédicte de Saussure, 1740~1799)가 했던 실험을 떠올렸다.

소쉬르는 단열을 위해 내부는 검게 칠하고 뚜껑 부분은 유리를 3겹 덧댄 열 상자를 만들었다. 소쉬르에 따르면 상자 안은 100℃까지 올라가고, 알프스의 몽블랑산 정상에서도 따뜻한 온도를 유지했다. 상자에 설치한 유리가 상자 안으로 들어가는 태양열은 잘 통과시키지만 열이 상자 밖으로 나가는 속도는 늦추었던 것이다.

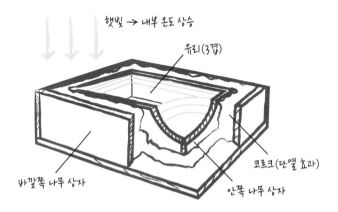

푸리에는 지구의 대기가 소쉬르 열 상자의 유리와 같은 역할을 할 것이라고 추측했다. 그는 1824년에 지표면 온도 계산 값과 실제 온도가 차이 나는 이유는 지구의 대기 때문이라는 가설을 제시했다. 대기가 지구가 방출하는 열복사의 일부를 붙잡아 우주 공간으로 방출되지 못하도록 막기 때문에 지구의 실제 온도가 계산 값보다 더 높다고 생각했던 것이다. 이것은 온실 안으로 들어온 햇빛으로 온실 내부는 따뜻해지지만 온실 안의 열은 밖으로 빠져나가지 못하는 것과 같은 현상이었다. 그래서 푸리에의 주장을 오늘날에는 '온실 효과'라고 부른다.

그런데 지구 대기 때문에 지표면이 따뜻하다는 푸리에의 주장에는 한 가지 문제가 있었다. 대기의 주성분은 질소와 산소이다. 질소는 전체 대기의 약 78%를, 산소는 전체 대기의 약 21%를 차지한다. 질소와 산소가 전체 대기의 약 99%를 구성하는 셈이다. 문제는 전체 대기의 대부분을 차지하는 질소와 산소는 적외선을 흡수하지 않는다는 점이다. 이 때문에 푸리에의 주장은 상당 기간 지지를 받지 못했다.

역설적이게도 대기 때문에 온실 효과가 나타난다는 주장은 빙하 연구가 진척되면서 입증되었다. 1830년대 이후 지질학자들은 빙하기의 존재에 대해 본격적으로 연구하기 시작했다. 빙하학의 선두에는 스위스 출신의 미국 지질학자인 장 루이 로돌프 아가시(Jean Louis Rodolphe Agassiz, 1807~1873)가 있었다. 아가시가 빙하에 관심을 둔 것은 알프스의 빙하가 표석을 아래쪽으로 이동시킨다는 사실을 알게 된 다음부터였다. 표석은 빙하가 운반한 암석을 의미한다.

당시 유럽의 지질학자들 사이에서는 표석이 어떻게 모암(母巖)으로부

○ **아가시의 드로잉** 아가시는 빙하 지대, 전석, 빙퇴석 등에 관한 자세한 그림을 남겼다.

터 그 먼 거리를 이동할 수 있는지에 대한 논쟁이 한창이었다. 어떤 학자들은 성경에 등장하는 대홍수에 휩쓸려서 이동했다고 주장했고, 일부 과학자들은 표석이 빙하에 의해 이동했다고 주장했다.

대홍수설을 믿던 아가시는 자신의 생각을 증명하기 위해 알프스에서 6개월간 빙하와 빙하 퇴적물을 연구했다. 그는 암반에서 떨어져 이동한 암석의 둥근 모양이나 표면에 새겨진 긁힌 자국 등은 암석들이 빙하에 의해 이동되었음을 보여 주는 증거라고 결론 내렸다. 1837년에 아가시는 거대한 빙하가 북극만이 아니라 유럽과 북아메리카 대부분을 뒤덮고 있던 빙하기가 있었다는 이론을 발표했다.

아가시는 빙하기설에 회의적인 과학자들을 설득하기 위해 실험을 실시

○ **장 루이 로돌프 아가시** 한때 유럽과 북아메리카가 빙하로 덮여 있었다는 빙하기설을 세웠지만 학계에 받아들여지지 않았다.

했다. 그는 동료들과 함께 알프스산맥의 아르 빙하에 찾아갔다. 아르 빙하에서 지표면이 드러난 곳을 찾아 뉴샤텔 호텔이라는 임시 가옥을 세운 그는 이곳을 베이스캠프로 삼아 실험을 했다. 아가시는 빙하에 말뚝을 박고, 3년 동안 빙하가 말뚝을 얼마나 아래쪽으로 옮겼는지를 측정했다. 빙하의 이동 속도는 아가시가 예상했던 것보다 더 빨랐고, 빙하 속의 암석들은 빙하를 따라 아래로 이동했다.

아가시는 실험 결과를 종합해 1840년에 《빙하에 관한 연구》를 출판했다. 이 책에는 지구가 한때 거대한 내륙 빙하로 뒤덮여 있었다는 그의 주장이 담겨 있었다. 그의 이론에 따르면 표석은 알프스산맥이 융기하면서 밀려 올라갔던 빙하들이 산맥 틈새를 따라 내려오면서 형성된 것이었다.

아가시의 빙하기설
북극과 유럽, 북아메리카를 빙하가 덮고 있었음
빙하가 이동하며 암석들이 함께 이동함

○ **존 틴들** 온실 효과를 실험으로 증명한 최초의 인물이다.

하지만 일부 학자들은 이 주장을 받아들이기 어려워했다. 여전히 대홍수설을 믿는 지질학자도 있었고, 빙하가 육지를 뒤덮었다는 사실 자체를 믿기 어려워하는 이도 있었다. 빙하기의 존재는 받아들였지만 빙하기가 어떻게 형성될 수 있는지 의문을 던지는 학자도 있었다.

온실 효과에 관한 존 틴들(John Tyndall, 1820~1893)의 관심은 바로 빙하기에 관한 논쟁에서부터 시작되었다. 아일랜드 출신의 물리학자였던 틴들은 지구 대기가 지구 표면 온도 변화에 영향을 미쳐 빙하기가 생겼을 수도 있다는 것을 알아내기 위해 정교한 실험 장치를 고안했다. 푸리에의 주장으로부터 약 35년이 지난 1859년의 일이었다.

틴들이 만든 장치는 열전대열(서모파일, thermopile)을 이용해 기체들의 열 흡수 능력을 측정하는 기구였다. 열전대열은 열에너지를 전기 에너지로 바꾸는 장치이다. 양쪽 열원으로부터 도달하는 열의 양이 다를 경우 열전대열은 그 차이만큼 전기 에너지를 생성한다.

틴들은 열원으로 끓는 물을 이용했다. 그는 한쪽 열원A에서 나오는 열은 그대로 열전대열에 도달하도록 했지만, 열원B에서 나오는 열은 황동 관을 통과해서 열전대열에 도달하도록 했다. 이때 양쪽 열원에서 전달되는 복사열은 주로 적외선의 형태로 전달된다.

틴들은 열원B에서 열전대열로 이어지는 황동 관 안에 서로 다른 기체들을 넣은 다음, 각 기체의 열 흡수 능력을 측정했다. 만약 어떤 기체가 열을 흡수하는 능력이 크면 황동 관을 통과해 나오는 열의 양은 그만큼 줄어들고, 열원A와 열원B에서 도달한 열 에너지 차이가 커서 전기 에너지도 많이 생성된다. 그러면 검류계의 바늘도 그만큼 크게 기울어질 것이다. 만약 어떤 기체에 열을 흡수하는 능력이 없다면 양쪽 열원에서 열전대열에 도달하는 열의 양은 같을 테니 검류계 바늘은 기울어지지 않을 것이다.

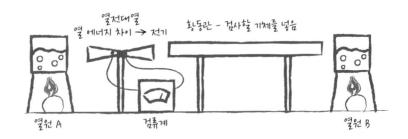

틴들은 이 실험으로 대기의 대부분을 차지하는 질소와 산소는 열을 흡수하지 않는다는 것을 알아냈다. 질소와 산소는 적외선을 흡수하는 대신 그대로 투과시켜 버렸다. 반면 일산화탄소, 이산화탄소, 아산화질소, 에틸렌 등을 황동 관에 넣었을 때는 열전대열에 도달하는 열의 양이 현저히 줄었다. 이는 이 기체들이 적외선을 흡수한다는 것을 의미했다.

틴들은 계속된 실험을 통해 공기 속의 수증기가 가장 열을 많이 흡수한다는 것을 확인했다. 그는 수증기를 담요에 비유해 만약 수증기가 없어진 다면 모든 식물이 얼어 죽을 것이라고 생각했다.

지구 온난화 연구는 이처럼 빙하기 연구에서 시작되었다. 틴들의 실험에 의하면 대기 중에 있는 소량의 수증기와 이산화탄소 등은 지구의 적외선 복사를 막는 역할을 한다. 이 기체들은 지표면에서 나오는 적외선을 흡수해 우주로 나가야 할 지구 복사 에너지를 지구 대기에 붙잡아 둔다.

빙하기는 틴들의 이론으로 쉽게 설명할 수 있다. 대기가 건조해지면 대기의 열 흡수 능력은 떨어질 것이다. 그러면 지구의 기온이 낮아지면서 지구에 빙하기가 찾아올 수도 있는 것이다.

대기 중의 이산화탄소가 지구의 기온을 좌우한다

빙하기에 대한 이해도를 한 단계 더 높인 사람은 스웨덴의 물리화학자 스반테 아우구스트 아레니우스(Svante August Arrhenius, 1859~1927)였다. 아레니우스도 틴들이 그랬던 것처럼 빙하기가 오는 이유를 찾는 과정에서 온실 기체들의 열 흡수 능력에 주목했다. 아레니우스는 대기 중의 이산화탄소량과 수증기량이 지구의 기온 변화에 끼치는 영향에 대해 체계적인 설명을 시도했다.

아레니우스의 추론은 다음과 같았다. 대규모 화산 폭발이 일어나면 엄청난 양의 기체가 뿜어져 나오고, 이 기체가 지구 복사열을 흡수해 지구 대기의 온도가 높아질 것이다. 대기 온도가 높아지면 수증기 증발량이 많아지고, 대기 중에 수증기가 많아지면 온실 효과에 의해 지구 표면 온도는 더 올라간다. 지구가 따뜻해지는 것이다. 반대로 화산 분출이 멈추면 공기 중의 이산화탄소는 대부분 바닷물에 흡수되고, 이는 대기 온도를 낮추는 결과를 낳는다. 그러면 대기 중의 수증기는 더욱 줄어들고 기온이 낮아져 지구는 빙하기에 접어든다. 이처럼 아레니우스는 대기 중의 이산화탄소량 변화를 바탕으로 지구 평균 기온 변화를 설명했다.

1896년에 아레니우스는 대기 중의 이산화탄소량이 절반으로 줄면 지구 기온은 5℃ 낮아지며, 반대로 대기 중의 이산화탄소량이 2배로 늘면 기온이 약 5℃ 올라갈 것이라고 주장했다. 하지만 아레니우스는 별로 걱정하지 않았다. 인간이 화석 연료를 사용한 후 배출하는 이산화탄소량이 점점 늘고는 있었지만 대기 중의 이산화탄소량이 2배로 늘어나는 데는 수천 년의 시간이 필요할 것이라고 생각했기 때문이다.

인간에 의해 대기 중의 이산화탄소량이 증가하고, 이것이 기온에 영향을 미칠 수도 있다는 아레니우스의 생각은 1950년대까지도 거의 주목받지 못했다. '이미 대기는 충분히 온난화되어 있기 때문에 이산화탄소를 더 추가한다고 해도 기온에 큰 차이 생기지 않을 것이다.', '대기 중의 이산화탄소량이 늘어나도 바다가 이를 녹여 대기 중의 이산화탄소량을 일정하게 유지시켜 줄 것이다.', '기후 변화는 그렇게 단순하게 생각할 수 없다.'와 같은 반론들이 제기되었기 때문이다. 이때는 아직 인간의 힘으로 자연의 균형을 깨뜨릴 수는 없다는 생각이 지배적이었다. 20세기 전반기까지 기후과학 연구는 오랜 침체 상태에 빠지고 말았다.

1938년, 캐나다 태생의 영국 증기기관 기술자이자, 아마추어 기상 연구자, 발명가였던 가이 스튜어트 캘린더(Guy Stewart Callendar, 1898~1964)는

○ **가이 스튜어트 캘린더** 지구의 기온이 상승하고 있다는 사실을 처음으로 밝혀냈다.

지구 온난화가 진행되지 않는다는 과학자들의 견해에 도전했다. 그는 여가를 할애해 50년 동안의 기온 통계를 냈고, 이를 근거로 지구의 여러 지역에서 기온이 정말로 상승하고 있다고 주장했다. 캘린더에 의하면 지난 50년간 지구의 기온은 1년에 평균 0.005 ℃씩 증가했다. 지구 온난화 현상과 이산화탄소 측정량의 관계를 연구한 캘린더는 인간이 화석 연료를 사용해 발생한 이산화탄소가 실제로 온실 효과를 일으켰다고 주장했다.

캘린더는 지구 온난화를 긍정적으로 생각했다. 빙하기가 오는 시간을 늦출 수 있을 것이라고 생각했기 때문이었다. 하지만 캘린더의 주장은 아레니우스의 이론에 제기되었던 반론과 유사한 이유로 무시되었다.

그 사이 세계는 제2차 세계 대전의 소용돌이에서 빠져나왔다. 제2차 세계 대전 동안 미 해군은 전투 작전에 도움이 되는 연구를 적극적으로 후원했다. 전투에서 승리하기 위해서는 날씨, 바람, 해변의 상황 등이 중요했기 때문이다. 미국의 기상학과 지구물리학은 이 시기에 비약적으로 성장했다.

전쟁이 끝나고 나서도 미 해군은 기상이나 지구물리 분야의 연구를 계속 지원했다. 이론물리학자 길버트 노먼 플래스(Gilbert Norman Plass, 1920~2004), 화학자 한스 에두아르트 쥐스(Hans Eduard Suess, 1909~1993), 해양학자 로저 랜들 르벨(Roger Randall Dougan Revelle, 1909~1991) 등은 미 해군의 지원을 받아 연구를 수행하면서 부수적으로 온실 효과와 관련된 연구를 진행했다.

플래스는 캐나다 출신이지만 주로 미국에서 연구 생활을 했다. 빙하기에 관심이 많았던 플래스는 대기 중의 이산화탄소량 변화를 이용해 빙하기를 설명할 수 있다는 사실을 알게 되었다. 그는 대기 중의 이산화탄소가 어떻게 적외선 복사를 흡수하는지를 연구하기 시작했다.

그가 이산화탄소 농도와 기후의 관계에 관심을 가질 즈음인 1949년에 영국 케임브리지 대학교의 연구진이 프로그램 내장 방식의 디지털 컴퓨터를 개발했다. 플래스는 새로 발명된 디지털 컴퓨터를 사용해 대기 중의 이산화탄소 농도 변화와 지구 복사 에너지의 양 사이의 관계를 계산했다. 1956년에 그는 대기 중의 이산화탄소 농도가 2배가 되면 지표면의 평균 기온은 3.6℃ 올라가고, 반대로 이산화탄소 농도가 반으로 줄어들면 지표면의 평균 기온은 3.8℃ 내려간다고 발표했다.

플래스는 대기 중의 이산화탄소 농도 변화가 기후 변화에 영향을 끼친다고 주장하면서 이산화탄소 농도 변화에 따른 기후 변화 주기를 다음과 같이 설명했다. 대기 중의 이산화탄소량이 증가해 온실 효과를 일으키면 빙하가 녹아 바다의 부피가 증가하고, 늘어난 바닷물이 대기 중의 이산화탄소를 더 많이 흡수할 것이다. 그렇게 되면 이산화탄소가 지구 복사 에너

○ 스크립스 해양 연구소 미국 샌디에고에 위치하며 1903년에 문을 열었다. 해양과 지구 환경 변화 연구에서 오늘날까지도 중추적인 역할을 담당하고 있다.

지를 흡수하는 양이 줄어들기 때문에 지구의 기온은 떨어진다. 따라서 빙하기가 다시 시작될 것이다.

플래스는 공업화와 같은 인간 활동으로 대기 중의 이산화탄소량이 늘어나고 있고, 지구 평균 기온을 100년에 1.1 ℃의 속도로 올리고 있다고 주장했다. 그는 이산화탄소 농도 변화가 기후 변화의 중요한 요인임을 거듭 강조했다.

플래스가 지구 온난화 연구에 새로 개발된 컴퓨터를 이용했다면, 화학자 쥐스는 방사성 동위 원소를 추적하는 방법을 사용했다. 쥐스는 오스트리아 태생으로 제2차 세계 대전 중에는 독일의 핵 개발 연구에 참여하기도 했다. 그는 전쟁 후에 미국으로 이주해 시카고 대학교에서 운석에 포함된 물질들을 연구했다. 스크립스 해양 연구소를 이끌고 있던 해양학자 르벨은 1955년에 쥐스를 연구원으로 발탁했다.

쥐스와 르벨은 탄소와 화학적 특징은 동일하지만 방사성을 띤 동위 원소인 탄소-14를 이용했다. 탄소-14를 포함한 이산화탄소의 방사능을 추적하면 이산화탄소의 이동 경로를 알 수 있다. 추적 결과 이들은 화석 연료에서 나온 탄소가 대기 중에 들어 있음을 확인할 수 있었다. 화석 연료에서 나와 대기 중에 존재하는 탄소가 바닷물에 흡수되는 데 걸리는 시간을 추적한 두 사람은, 실제로 해양 표층수가 대기 중에 있는 이산화탄소 대부분을 흡수한다는 사실도 확인할 수 있었다. 하지만 이들은 곧 바다에 흡수된 이산화탄소 대부분이 다시 대기로 증발해 나온다는 사실을 알아차렸다.

오랫동안 지구 온난화에 대한 우려를 무마시켰던 논리 중 하나는 대기 중의 이산화탄소량이 많아지더라도 바다가 이산화탄소를 모두 흡수하기 때문에 지구 온난화로 이어지지 않을 것이라는 것이었다. 하지만 쥐스와 르벨의 연구 결과는 바닷물이 실제로 그렇게 많은 이산화탄소를 흡수할 수 없다고 말하고 있었다. 이들은 증가한 이산화탄소가 바다에 흡수되는 양이 예상했던 수치의 10%밖에 안 된다는 계산 결과를 내놓았다. 이는 이산화탄소가 인류의 미래에 위협이 될 수도 있음을 의미했다.

1950년대 중반은 전 지구적 규모로 대기, 기후, 기상, 해류 등을 연구하기 위해 국제기구가 활발히 창설되던 시기였다. 이러한 분위기 속에서 '국제 지구 물리 관측년(IGY, the International Geophysical Year)' 사업이 진행되었다. 국제 협력으로 지구 환경을 체계적으로 연구하기 위해 1957년 7월

❂ **국제지구물리관측년** 1957년과 1958년에 전 지구적 규모의 환경 연구를 위해 국제 사회가 서로 협력했다.

1일부터 1958년 12월 31일까지 18개월 동안 진행된 이 관측 사업에는 67개국 1,000여 명의 과학자가 참여했다. 이 사업에는 냉전 중이던 미국과 소련이 동시에 참여할 만큼 국제적인 관심이 집중되었다. 소련은 이 사업을 위해 최초의 인공위성인 스푸트니크 1호를 발사하기도 했다.

1958년에 쥐스와 르벨은 이 사업의 지원을 받아 해양과 대기 중의 이산화탄소 농도를 측정할 연구원을 고용했는데, 그가 바로 젊은 지구화학자 찰스 데이비드 킬링(Charles David Keeling, 1928~2005)이었다. 미국 펜실베이니아주에서 태어난 킬링은 화학으로 박사 학위를 받았지만, 이후 캘리포니아 공과 대학교에서 박사 후 과정을 밟으면서 지구화학으로 연구 분야를 바꾸었다. 대기 중의 이산화탄소 농도에 관심이 있던 킬링은 르벨의 제안에 따라 스크립스 해양 연구소로 자리를 옮겼다.

연구에 있어서 정확한 측정을 중시했던 킬링은 1958년에 고성능 이산화탄소 측정 장치 1대를 하와이에 있는 마우나로아산 꼭대기에 설치했다. 그리고 다른 1대는 남극에 설치했다. 두 장소 모두 이산화탄소 발생지로부터 매우 멀리 떨어져 있었기 때문에 전 지구적 대기 변화를 감지하기에

최적이었다.

1960년에 킬링은 2년 동안의 관측 결과를 발표했다. 그는 남극에서 대기 중의 이산화탄소량이 1년에 1.3ppm(1ppm은 1/100만)씩 증가하고 있으며, 그 원인이 화석 연료 사용에 있음을 명백히 했다. 하와이 마우나로아 산에서는 더욱 오랫동안 대기 측정이 진행되었다. 측정 결과는 대기 중의 이산화탄소 농도가 시간이 지날수록 더욱 빠른 속도로 증가하고 있다는 사실을 보여 주었다.

킬링은 이산화탄소의 농도가 계절에 따라 주기적으로 변화한다는 것도 알아냈다. 킬링에 의하면 계절마다 대기 중의 이산화탄소량에 변동이 생기는 이유는 여름에는 식물의 광합성이 활발히 일어나 대기 중의 이산화탄소량이 줄어들고, 겨울에는 그 반대가 되기 때문이다.

킬링은 장기간에 걸친 지속적인 모니터링이 얼마나 중요한지 알고 있었기 때문에, 중간중간 연구 기금 부족으로 고생을 하면서도 대기 중의 이산화탄소 농도 측정을 계속해 나갔다. 킬링과 그의 연구팀 덕분에 과학자들은 1950년대 말 이후 약 50년에 걸친 정확한 대기 측정 결과를 보유하게 되었다. 킬링의 측정에 의하면 지난 50년 동안 대기 중의 이산화탄소 농도는 315ppm에서 375ppm으로 증가했다. 50년에 걸친 대기 중의 이산화탄소 농도 측정 결과는 한 장의 그림으로 그려졌는데, 그것이 바로 '킬링 곡선(Keeling curve)'이다.

킬링 이전까지만 해도 석탄, 가스, 석유 등의 화석 연료 연소 때문에 대기 중의 이산화탄소 농도가 전 지구적으로 변할 수도 있다는 생각은 이론에 불과했다. 하지만 킬링은 이산화탄소의 증가가 지구 기온에 변화를 가져올

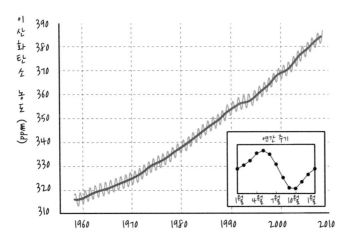

○ 킬링 곡선 하와이 마우나로아산에서 측정한 대기 중의 이산화탄소 농도 변화를 나타낸 그래프이다. 대기 중의 이산화탄소가 증가한다는 것을 알 수 있다.

수 있다는 것을 분명하게 증명했고, 이 현상의 주범이 인간의 화석 연료 사용이라는 사실도 명확히 했다. 킬링 곡선은 온실 효과를 상징하는 이미지로 각인되었고, 킬링은 기후과학의 개척자로 알려졌다.

지구 온난화를 늦추기 위해 세계가 힘을 합치다

1950년대부터는 대기 중에서 진행되는 핵 실험과 핵무기의 위험성에 대한 경각심이 높아졌다. 또한 1950년대 런던, LA의 '죽음의 스모그'는 많은 사람들에게 공포로 다가왔다. 1962년에 출판된 레이첼 루이즈 카슨(Rachel Louise Carson, 1907~1964)의 《침묵의 봄》은 합성 살충제가 생태계 파괴에 미치는 영향을 고발하며 현대 환경 운동을 태동시켰다.

화석 연료의 연소로 대기 중의 이산화탄소 농도가 증가하고, 이산화탄소 증가가 가져오는 온실 효과로 지구 기온이 상승한다는 것이 확인되자, 지구 온난화도 현실적인 문제로 다가오기 시작했다. 이와 함께 인간이 지구 환경에 미치는 악영향에 대한 인식도 퍼져 나갔다.

인간이 지구 기후 변화의 주범이라면 누군가는 대책을 세워야만 했다. 1965년 미국 대통령 과학자문위원회는 온실 효과를 국가적인 관심이 필요한 환경 문제로 채택하기에 이르렀다.

1970년대 들어서는 지구 온난화 문제를 다루는 연구 그룹과 학술회의가 급속도로 증가했다. 지구 온난화를 처음으로 공식적으로 언급한 보고서는 1972년에 나온 〈로마 클럽 보고서〉이다. 로마 클럽은 1968년에 결성된 OECD 산하의 민간단체로, 지구의 천연자원이나 환경 오염 문제 등에 관심을 가진 유럽의 기업인, 정치가, 경제학자, 과학자, 교육자 등 약 70명이 회원이었다. 로마 클럽이라는 이름은 이들이 1970년에 로마에 모여 회의를 가진 데서 붙은 명칭이다. 1,200만 부가 팔린 〈로마 클럽 보고서〉는 지속적인 경제 성장이 낳을 지구촌 위기를 다루었다. 보고서가 지적한 과잉 인구, 환경 오염, 자원 고갈, 식량 부족 문제 등은 큰 반향을 일으켰다.

이 시기에는 환경 오염 문제를 다룰 국제기구가 구성되고 국제 조약이 맺어지기 시작했다. 환경 문제는 어느 한 나라만의 문제가 아니라는 인식이 세계적으로 퍼졌기 때문에 가능한 변화였다.

변화는 유엔 주최로 열린 '유엔 인간 환경 회의'에서 시작되었다. 1972년 6월, 스웨덴 스톡홀름에서 열린 이 최초의 환경 관련 국제회의에는 113개국 대표들이 참석해 지구적 규모의 환경 파괴에 대한 대책을 협의했다. 회의 결과, 참가자들은 〈스톡홀름 선언〉을 발표했다. 이 선언에는 자연 자원은 보호되어야 하고, 환경 오염은 자정 작용을 넘어서는 안 되며, 환경 교육을 실시해야 하고, 국제적인 협력이 필수적이라는 내용이 포함되었다.

바로 다음 해인 1973년 1월 1일에는 유엔 인간 환경 회의에서 제기된 지구 환경 문제를 실질적으로 해결해 나갈 최초의 국제기구가 설립되었다. 바로 '유엔 환경 계획(UNEP)'이다. 유엔 환경 계획의 역할은 지구적인 규모의 환경 문제에 개입하고 대처하는 것이었기 때문에, 이를 위해 여러 시스템을 관리했다. 유엔 환경 계획에서 관리하는 시스템으로는 기상 변화나 해양 오염 정보를 수집하는 지구 환경 감시 시스템(GEMS), 환경 변화 요인의 관측 데이터를 한곳에 모아 분석하는 지구 지리 정보 시스템, 공해와 환경 정보를 제공하는 국제 환경 정보 시스템(Infoterra), 인간과 생활 환경에 영향을 미치는 화학 물질에 관한 정보를 수집하고 제공하는 유해 물질 등록 제도(IRPTC) 등이 있다.

1988년 11월에는 유엔 산하 기구인 '세계 기상 기구(WMO)'와 '유엔 환경 계획'의 주도 아래, 기후 변화에 따른 영향을 분석하고 대안을 모색하기 위한 기구가 출범했다. 기후 변화에 국제 사회가 공동으로 대처하고, 유엔 기본 협약의 실행 여부를 평가하기 위한 '기후 변화에 관한 정부 간 협의체(이하 IPCC)'가 바로 그것이다. 스위스 제네바에 본부를 둔 이 기구는 기후 변화와 관련된 환경 문제에 대처하기 위해 각국에서 온 기상학자, 해양학자, 빙하 전문가, 경제학자 등 3천여 명의 전문가로 구성되어 있다.

1989년 11월에는 장관급 회의가 열려 기후 변화에 대한 논의가 본격적으로 시작되었다. 그러나 회원국 간의 의견 차이가 커 바로 협약을 채택할 수는 없었다. 무려 3년 동안의 협상 끝에 1992년 6월, 지구 온난화가 범국제적인 문제라는 것을 인식한 세계의 정상들이 브라질의 리우데자네이루에 모여 〈유엔 기후 변화 협약(리우 환경 협약)〉을 채택했다. 이 협약은 지구 온난화로 인한 피해를 막기 위해 화석 연료 사용을 제한하고, 각국이 기후 변화에 공동으로 대처하기 위한 기반을 마련했다. 그리고 이를 추진하기 위해 매년 당사국 총회(COP)를 열기로 했다.

유엔 기후 변화 협약은 법적 강제성이 없기 때문에, 각국은 의정서를 만들어 이산화탄소 배출 규제와 지구 온난화 방지 이행 방안을 구체화했다. 그중 가장 유명한 것이 〈교토 의정서〉이다. 〈교토 의정서〉는 〈유엔 기후 변화 협약〉을 이행하기 위해 1997년 만들어진 국가 간 이행 협약이다.

〈교토 의정서〉의 가장 중요한 내용은 1990년을 기준으로 전체 온실 기체 배출량의 55%를 차지하는 선진 38개국의 이산화탄소 배출량을 2008년부터 2012년까지 평균 5.2% 줄이기로 한 것이다. 〈교토 의정서〉에서 명시한 온실 기체는 이산화탄소, 메탄, 산화 질소 등이다. 〈교토 의정서〉에서는 온실 기체 감축 목표치를 국가에 따라 다르게 부여했다. 이에 따라 〈유엔 기후 변화 협약〉 회원국 186개국 중 유럽 연합 15개 회원국은 8%, 미국은 7%, 일본은 6%를 줄여야 했다. 부유하고 에너지를 많이 사용하는 국가들이 문제 해결에 더 적극적으로 나서야 한다고 생각했기 때문이다.

〈교토 의정서〉는 2005년 2월 16일부터 공식적으로 발효되었다. 55개국 이상이 서명해야 한다는 발효 요건이 2004년 11월에야 비로소 충족되었기 때문이다. 하지만 〈교토 의정서〉는 법적 구속력이 없기 때문에 그 상징성에 비해 실행 면에서 많은 문제를 겪었다. 예를 들어 전 세계 이산화탄

● 유엔 환경 계획 로고 세계적인 환경 문제에 대처하는 유엔 산하 기관으로 다양한 시스템을 관리한다.

소 배출량의 28%를 차지하는 미국은 자국 산업 보호를 위해 이산화탄소 배출 규제에 반대하다가 결국 2001년에 탈퇴를 선언했다. 또한 〈교토 의정서〉 체결 당시 실행국을 선진국에 한정해, 이산화탄소 배출량이 많지만 개발 도상국으로 분류된 중국이나 인도가 감축 대상에서 빠졌다. 1차 시행이 끝난 2013년 말에 온실 기체 배출량 상위 10대 국가 중 감축 의무를 이행하고 있는 나라는 독일과 영국뿐이었다.

1972 〈로마 클럽 보고서〉 : 경제 성장이 낳을 위기를 경고
        유엔 인간 환경 회의 : 〈스톡홀름 선언〉 발표
1973 유엔 환경 계획 발족 : 환경 문제에 개입
1988 기후 변화에 관한 정부 간 협의체(IPCC) 발족 : 특별 보고서 작성
1992 〈유엔 기후 변화 협약(리우 협약)〉 채택 : 화석 연료 사용 제한
1997 〈교토 의정서〉 채택 : 이산화탄소 배출량 감소 목적

 1988년에 출범한 IPCC의 주된 활동 중 하나는 1992년 채택한 〈유엔 기후 변화 협약〉과 1997년 채택된 〈교토 의정서〉의 이행과 관련한 문제들에

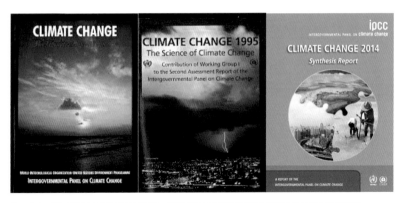

○ IPCC 기후 변화 보고서 IPCC에서는 기후 변화 현황을 분석한 특별 보고서를 작성한다.

대해 특별 보고서를 작성하는 일이다. IPCC는 지구 환경 변화 내용을 평가하고 이에 대안을 제시하기 위해 1990년부터 5~6년을 주기로 기후 변화 평가 보고서를 발간하고 있다.

5차까지 발행된 〈특별 보고서〉를 통해 IPCC는 지구 기온이 상승하는 정도를 산업화 이전과 비교해 2℃ 이내로 안정화하기 위해서는 일상적인 산업 활동에서 즉각적으로 벗어나야 한다고 주장한다. 인간이 기후 시스템에 영향을 끼치는 것이 명백하고, 기후가 온난해지고 있다는 것이 자명한 현재 상황에서는 즉각적인 실천만이 문제를 해결할 수 있음을 강조한 것이다.

노벨 위원회는 인간이 기후 변화에 미친 영향을 연구하고, 기후 변화 문제 해결의 초석을 다지는 데 노력한 공로를 인정해 IPCC에게 2007년 노벨 평화상을 수여했다. 미국 전 부통령 앨버트 아널드 고어(Albert Arnold Gore, 1948~)와의 공동 수상이었다.

○ 앨버트 아놀드 고어 2007년 노벨 평화상을 수상한 고어는 환경 운동가로 명성이 높다.

지구 온난화의 과학적 근거를 공격하는 사람들이 등장하다

2005년에 허리케인 카트리나의 영향으로 뉴올리언스가 초토화된 이후 고어는 미국 최대 환경 보호 단체인 시에라 클럽 개회식에서 연설을 했다. 이 연설은 지구 온난화에 각국이 힘을 모아 공동으로 대처하기가 왜 어려운지를 보여 준다.

100여 개 나라 2천 명의 과학자들은 인류 역사상 가장 정교하게 잘 조직된 공동 과학 연구에 참여한 결과, 만약 우리가 지구 온난화의 근본 원인을 해결할 준비와 행동을 하지 않는다면 인류는 끔찍한 참사를 맞게 될 것이라는 데 이미 오래전에 합의를 보았습니다.

우리는 과학적 증거와 전문가들의 경고가 무시되면 어떤 일이 벌어지는지에 대한 교훈을 배우는 것이 중요합니다. 그리하여 우리의 지도자들이 다시는 이러한 잘못을 되풀이하지 않게 하고, 과학자들의 경고를 무시하지 못하게 하고, 직면하고 있는 위협으로부터 우리를 무방비 상태에 놓이지 않도록 해야 합니다.

대통령은 지구 온난화가 진정한 위협인지 확신하지 못하겠다고 말합니다. 실제 하는지 확신하지 못하는 위협에 대해 의미 있는 조치를 취할 준비가 되어 있지 않다고 말합니다. 그는 지구 온난화에 대한 과학적 근거가 여전히 논쟁 중임을 믿는다고 말합니다.

(중략) 지구 온난화에 대한 경고는 오랫동안 아주 명확했습니다. 우리는 전 지구적인 기후 위기에 직면해 있습니다. 위기는 심각해지고 있습니다. 우리는 결과의 시대로 접어들고 있습니다.

-앨버트 아널드 고어, 2005년 연설

대부분의 과학자는 지구 온난화가 진행되고 있으며, 인간의 활동이 그 원인이라고 확신한다. 하지만 고어의 연설에서 볼 수 있는 것처럼 여전히 많은 사람들은 인간의 산업 활동이 지구 온난화의 주요 원인이라는 점에 회의적이며, 그보다 더 많은 사람들은 이에 대한 즉각적 조치를 취하는 것에 반대한다.

2018년 미국인을 대상으로 실시한 ABC 방송의 여론 조사에서는 약 81%가 인간의 활동이 지구 온난화의 원인이라고 답했다. 하지만 이들 중 지구 온난화를 막기 위한 즉각적인 행동이 필요하다고 답한 사람은 53%에 불과했다. 많은 사람들이 인간에 의해 지구 온난화가 가속화된다는 것을 알면서도 즉각적으로 조치를 취하는 것에는 주저하는 이유는 무엇일까?

과학사학자 나오미 오레스케스(Naomi Oreskes, 1958~)와 에릭 콘웨이

(Erik M. Conway, 1965~)는 이산화탄소와 기후에 관한 연구가 150년 동안 이어지고 있음에도 미국인들이 지구 온난화에 즉각적으로 대응하기를 주저하는 이유는 일부 과학자들과 정책 입안자들, 기업가들, 그리고 미디어가 기후과학의 불확실성에 대해 끊임없이 의문을 제기하기 때문이라고 주장한다. 과학계가 아직 기후 변화에 관한 논의에서 합의점에 도달하지 못했다는 인식을 퍼뜨리는 회의론자들 때문에 온실 기체를 감축하려는 강력하고 즉각적인 노력이 이루어지지 못하고 있다는 것이다.

오레스케스와 콘웨이는 과학자 사회가 합의에 도달한 내용을 인정하려 들지 않고 끊임없이 논란을 계속하려는 시도를 여러 분야에서 찾아냈다. 그 예로 담배와 폐암의 관계를 들 수 있다. 흡연이 암을 유발한다는 연구가 나왔을 때, 회의론자들은 흡연과 암 발병 사이의 인과관계가 명확하게 증명되지 않았다고 주장함으로써 담배 생산에 정당성을 부여했다. 지구 온난화와 인간 활동의 관계에 대해서도 회의론자들은 둘 사이의 인과 관계가 명확하게 증명되지 않았다고 주장함으로써 현실을 부정하고 있다는 것이 오레스케스와 콘웨이의 주장이다.

문제는 지구 온난화의 과학적 증거들에 대한 이러한 공격이, 국제적·사회적으로 합의한 지구 온난화 대응책을 실천하기 어렵게 만든다는 점이다. 그렇기 때문에 고어는 연설에서 지구 온난화에 대한 과학계의 경고는 명백한 사실이며, 지구가 실제로 위험에 처해 있기 때문에, 전 지구적인 합의와 즉각적 실천이 매우 중요하다고 강조했던 것이다.

우리의 지구를 지키려면

2015년 12월, 프랑스 파리에서는 제21차 유엔 기후 변화 협약 당사국 총회(COP21)가 열렸다. 이 총회에서는 '파리 협정'이라고 불리는 '신기후체제' 합의문을 채택했다. 세계 온실 기체 배출량의 90% 이상을 차지하는 195개 국가가 참여해 채택한 '신기후체제'는 〈교토 의정서〉가 만료되는 2020년 이후를 이어갈 새로운 체제이다.

선진국만이 대상이었던 〈교토 의정서〉와 달리 '신기후체제' 하에서는 모든 국가가 기후 변화 대응에 동참한다. 대체 에너지를 개발하고, 연료 연소로 배출되는 탄소를 제거할 방법을 찾고, 에너지 효율성을 향상시켜 온실 기체를 감축하는 것이 중심 내용이다. 신기후체제의 성공 여부는 각 국가의 즉각적이고 자발적인 참여와 이행에 달려 있다.

17세기 과학 혁명 시기를 거치면서 인류는 근대과학의 시대로 접어들었다. 그 과정에서 인간과 자연의 관계는 그 이전과 크게 달라졌다. 인간은 자연을 대상화하기 시작했다. 자연을 인간을 위한 개발 대상으로 여겼고, 생태계는 균형을 잃었다. 지구 온난화는 이런 자연관에서 파생된 자연 개발과 파괴의 결과물일지도 모른다.

인간 활동에 의한 지구 온난화를 늦출 수 있는 최선의 방법은 자연에 대한 인식을 바꾸는 데서 시작해야 한다. 인간이 자연의 일부이며, 인간과 자연은 더불어 존재해야 한다는 생각이야말로 기후 변화에 대처할 근본적인 걸음을 만들 수 있을 것이다. 자연은 오랜 시간 인간을 삶을 지탱해 주었다. 자연의 일부로서, 이제는 인간이 자연에 대한 책임을 다하는 자세를 갖출 때가 아닐까?

또 다른 이야기 | 구멍이 뚫려 버린 자외선 차단막, 오존층 ‥‥‥‥‥‥‥‥

성층권은 높이 약 11km에서 50km 사이에 분포하는 대기층이다. 프랑스의 물리학자 샤를 파브리(Maurice Paul Auguste Charles Fabry, 1867~1945)와 앙리 뷔송(Henri Buisson, 1873~1944)이 1953년에 발견한 오존층은 주로 높이 약 25km 부근에 존재한다. 오존의 화학식은 O_3이다. 자외선이 산소 분자(O_2)를 분리해 산소 원자(O)를 생성하면, 산소 원자와 산소 분자가 결합해 오존을 합성한다. 오존은 다시 자외선을 흡수해 산소 원자와 산소 분자로 분해된다. 오존 사이클이라고 불리는 이 과정을 통해 오존층은 지구로 도달하는 자외선의 양을 줄여 생명체를 보호한다.

오존층 파괴에 관한 구체적인 논쟁은 20세기 중엽에 시작했다. 1973년 캘리포니아 대학교에서 연구하던 멕시코 출신 화학자 마리오 몰리나(Mario Molina, 1943~)와 미국의 화학자 프랭크 셔우드 롤런드(Frank Sherwood Rowland, 1927~2012)는 오존층 파괴에 관한 가설을 제시했다. 이들에 따르면 지상에서 잘 분해되지 않는 프레온 가스(CFCs, 염화 불화 탄소) 분자가 성층권에 도달하면 자외선에 의해 활성 기체로 분해된다. 이 기체의 촉매 작용으로 오존 분자들이 파괴되어 오존층이 줄어든다. 롤랜드와 몰리나는 이 연구로 1995년에 노벨 화학상을 수상했다.

프레온 가스 사용을 규제해야 한다는 주장이 힘을 얻은 것은 1984년에 남극 상공에서 오존이 40% 이상 감소해 오존 홀(ozone hole)이 나타난 것이 확인되면서부터였다. 1987~1988년 나사는 오존의 수준이 가장 낮게 측정된 곳에 염소 원자가 많이 존재한다는 사실을 밝혔는데, 이는 오존 감소의 원인이 프레온 가스라는 것을 보여 주는 결정적인 증거였다. 이후로 프레온 가스를 제한하려는 국제적인 노력이 시작되었다. 1987년 9월에는 몬트리올 의정서가 채택되었고, 1990년 런던 회의, 1992년 코펜하겐 회의에서는 프레온 가스 사용 규제를 더욱 강화하기로 협의했다.

정리해 보자 | 지구 온난화 ┄┄┄┄┄┄┄┄┄┄┄┄┄┄┄┄┄┄┄┄┄┄┄┄┄┄┄┄┄┄┄┄┄┄┄

19세기 초 푸리에는 대기가 지구에서 방출하는 열을 붙잡아 두기 때문에 지구의 기온이 높아진다고 주장했다. 1840년에 아가시는 옛날에 빙하기가 있었다는 이론을 발표했다. 이후 틴들은 수증기와 이산화탄소의 열 흡수 능력을 밝히고, 대기가 없으면 빙하기가 올 수 있다고 주장했다. 아레니우스도 대기 중의 이산화탄소량에 따라 지구의 온도가 달라진다고 생각했다.

1940년대 지구 온난화가 본격적으로 연구되었다. 캘린더는 50년간의 기온 통계로 지구 기온 상승을 증명하고 화석 연료 사용으로 생긴 이산화탄소를 원인으로 지목했다. 1950년대에는 제2차 세계 대전의 영향으로 기후과학 연구가 활기를 띠었다. 1960년 컬링은 화석 연료 사용으로 증가하는 대기 중의 이산화탄소량이 지구 온난화를 일으킬 수 있다는 것을 분명하게 보였다.

인위적인 기온 변화를 막아야 한다는 인식이 확산되자 1970년대 이후로 국제 협약이 맺어지고 있다. 기후과학은 원인의 복잡함과 불확실성 때문에 여전히 많은 논쟁을 낳고 있지만, 과학자들은 지구 온난화를 방지하기 위한 노력을 계속하고 있다.

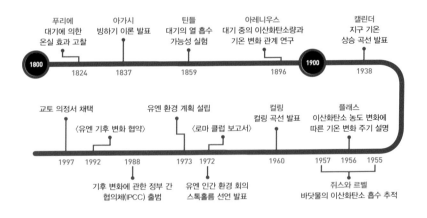

도서 및 논문

구만옥, 〈김석문, 동서(東西) 우주론의 회통을 지향한 담대한 시도〉,《내일을 여는 역사》제67호,
　2017.

김경렬,《판구조론: 아름다운 지구를 보는 새로운 눈》, 생각의힘, 2015.

김영식,《동아시아 과학의 차이: 서양 과학, 동양 과학, 그리고 한국 과학》, 사이언스북스, 2013.

김영식·임경순,《과학사 신론》, 다산출판사, 2007.

김영환, 〈IPCC 제5차 기후변화 평가보고서 주요내용 및 시사점〉,《KFRI 국제산림정책토픽》
　제9호, 2014..

김정률,《선구자들이 남긴 지질과학의 역사》, 춘광, 1997.

김준수, 〈과학과 회의론의 사이에 선 과학사〉,《한국과학사학회지》제33권 제1호, 2011.

박창범,《하늘에 새긴 우리 역사》, 김영사, 2002.

신동원,《우리 과학의 수수께끼: 카이스트 학생들과 함께 풀어보는》, 한겨레출판사, 2006.

임경순,《현대물리학의 선구자》, 다산출판사, 2001.

임재규, 〈新기후체제 도래에 따른 에너지·기후변화 정책 방향〉, 에너지경제연구원 2015년도
　연구성과 발표회 자료, 2016.

임종태, 〈무한우주의 우화-홍대용의 과학과 문명론〉,《역사비평》71호, 2005.

정완상,《호킹이 들려주는 빅뱅 우주 이야기》, 자음과모음, 2010.

최덕근,《10억 년 전으로의 시간 여행: 지질학자, 기록이 없는 시대의 한반도를 찾다》, 휴머니스
　트, 2016.

최덕근,《내가 사랑한 지구: 판구조론, 지질학자들이 밝혀낸 지구의 움직임》, 휴머니스트, 2015.

홍성욱 편역,《과학고전선집: 코페르니쿠스에서 뉴턴까지》, 서울대학교 출판부, 2006.

홍성욱,《그림으로 보는 과학의 숨은 역사: 과학혁명, 인간의 역사, 이미지의 비밀》, 책세상,
　2012.

갈릴레오 갈릴레이, 앨버트 반 헬덴 해설, 장헌영 옮김,《갈릴레오가 들려주는 별 이야기-시데
　레우스 눈치우스》, 승산, 2009.

나오미 오레스케스·에릭 M. 콘웨이, 유강은 옮김,《의혹을 팝니다》, 미지북스, 2012.

데이비드 C. 린드버그, 이종흡 옮김,《서양과학의 기원들》, 나남, 2009.

레스터 R. 브라운 외, 김범철 · 이승환 옮김,《지구환경보고서 1990》, 따님, 1990.

리처드 웨스트폴, 최상돈 옮김,《프린키피아의 천재》, 사이언스북스, 2001.

사이먼 싱, 곽영직 옮김,《빅뱅: 우주의 기원》, 영림카디널, 2018.

스펜서 위어트, 김준수 옮김,《지구온난화를 둘러싼 대논쟁》, 동녘사이언스, 2012.

아이작 뉴턴, 이무현 옮김,《프린키피아》, 교우사, 1998.

알프레드 베게너, 김인수 옮김,《대륙과 해양의 기원》, 나남, 2010.

에드워드 그랜트, 홍성욱 · 김영식 옮김,《중세의 과학》, 민음사, 1992.

오언 깅거리치, 장석봉 옮김,《아무도 읽지 않은 책》, 지식의숲, 2008.

오언 깅거리치 · 제임스 맥라클란, 이무현,《지동설과 코페르니쿠스》, 바다, 2006.

제임스 R. 뵐켈, 박영준 옮김,《행성운동과 케플러》, 바다출판사, 2006.

조지 E. R. 로이드, 이광래 옮김,《그리스 과학사상사: 탈레스에서 아리스토텔레스까지》, 지성의
    샘, 1996.

찰스 길리스피, 이필렬 옮김,《객관성의 칼날》, 새물결, 1999.

칼 세이건, 홍승수 옮김,《코스모스》, 사이언스북스, 2006.

키티 퍼거슨, 이충 옮김,《티코와 케플러》, 오상, 2004.

토머스 새뮤얼 쿤, 정동욱 옮김,《코페르니쿠스 혁명》, 지만지, 2016.

토머스 핸킨스, 양유성 옮김,《과학과 계몽주의: 빛의 18세기, 과학혁명의 완성》, 글항아리,
    2011.

폴 파슨즈, 이충호 옮김,《빅뱅: 우주의 탄생과 죽음》, 다림, 2002.

플라톤, 박종현 · 김영균 옮김,《티마이오스》, 서광사, 2000.

피터 J. 보울러 · 이완 리스 모러스, 김봉국 · 홍성욱 · 서민우 옮김,《현대과학의 풍경》, 궁리,
    2008.

피터 디어, 정원 옮김,《과학혁명: 유럽의 지식과 야망, 1500~1700》, 뿌리와이파리, 2011.

혼다 시케치카, 조영렬 옮김,《그림으로 이해하는 우주과학사》, 개마고원, 2006.

Mark A. S. McMenamin, 손영운 옮김,《Science 101 지질학》, 이치사이언스, 2010.

Albert van Helden, "The Telescope in the Seventeenth Century", *Isis Vol.65*, 1974.

Allan Chapman, "Tycho Brahe: Instrument Designer, Observer and Mechanician", *Journal of the*

British Astronomical Association Vol.99, 1989.

Ann Blair, "Tycho Brahe's critique of Copernicus and the Copernican System", *Journal of the History of Ideas Vol.51*, 1990.

Arthur Holmes, "Radioactivity and Earth Movements", *Geological Society of Glasgow Vol.18*, 1929.

Edward P. Tryon, "Is the Universe a Vacuum Fluctuation?", *Nature Vol.246*, 1973.

Edwin Hubble, "A Relation Between Distance and Radial Velocity Among Extra-Galactic Nebulae", *Proceedings of the National Academy of Sciences Vol.15*, 1929.

Francis Bacon, *Novum Organum*, 1620.

IPCC, "Climate Change 2014: Synthesis Report", 2015.

Johannes Kepler, William Donahue, *Astronomia Nova*, 1609.

Lynn White, Jr., "The Historical roots of our ecologic crisis", *Science Vol.155*, 1967.

Mario Biagioli, "Galileo, the Emblem Maker", *Isis Vol.81*, 1990.

Mario Biagioli, *Galileo, Courtier-The Practice of Science in the Culture of Absolutism*, University of Chicago Press, 1993.

Naomi Oreskes, "The Scientific Consensus on Climate Change," *Science Vol.306*, 2004.

Owen Gingerich, "Johannes Kepler and the Rudolphine Tables", *Sky and Telescope Vol.42*, 1971.

Owen Hannaway, "Laboratory Design and the Aim of Science: Andreas Libavius versus Tycho Brahe", *Isis Vol.77*, 1986.

Paul F. Hoffman, Alan J. Kaufman, Galen P. Halverson, Daniel P. Schrag, "A Neoproterozoic Snowball Earth", *Science Vol.281*, 1998.

Victor E. Thoren, *The Lord of Uraniborg: A Biography of Tycho Brahe*, Cambridge University Press, 1990.

William Jason Morgan, "Rises, Trenches, Great Faults, and Crustal Blocks" *Journal of Geophysical Research Vol.73*, 1968.

웹페이지

한국민족문화대백과사전

The Galileo Project http://galileo.rice.edu/sci/theories/ptolemaic_system.html

미국 항공 우주국(NASA) https://www.nasa.gov

                                 https://svs.gsfc.nasa.gov/4465

Roger Ham class on Kepler's Vicarious Hypothesis https://youtu.be/CO41Isla43Y

영국지질학회 https://www.geolsoc.org.uk

교육부 공식 블로그 http://if-blog.tistory.com/5479

환경지질연구정보센터 http://ieg.or.kr/edu/edu_geo7_4.html

브리태니커 https://www.britannica.com

지구의 벗 환경운동연합 http://kfem.or.kr/?p=22380

기후 변화에 관한 정부 간 협의체(IPCC) https://www.ipcc.ch/report/ar5/syr/

윌슨산 천문대 https://www.mtwilson.edu

한국천문연구원 천문우주지식정보 https://astro.kasi.re.kr

코페르니쿠스 생가 ⓒStephen McCluskey

야기엘론스키 대학교 ⓒSkyMaja

《천구의 회전에 관하여》 ⓒLfurter

튀코의 사분의 ⓒJodo

헤레바드 수도원 ⓒjorchr

튀코와 케플러의 동상 ⓒMatěj Baťha

갈릴레오의 망원경 ⓒSailko

오리온자리 ⓒPanda~thwiki

리카르도 궁전 ⓒSailko

메소사우루스 화석 ⓒGhedoghedo

글로소프테리스 화석 ⓒDaderot

빙하의 흔적 ⓒWalter Siegmund

후커 망원경 ⓒTracie Hall

스크립스 해양 연구소 ⓒSD Dirk

앨 고어 노벨상 수상 ⓒKjetil Bjørnsrud